Springer-Lehrbuch

Physik Denken

Martin Erdmann

Experimentalphysik 2

Kollision, Gravitation, Bezugssysteme

Physik Denken

Springer

Prof. Dr. Martin Erdmann
RWTH Aachen
Physikalisches Institut 3A
Otto-Blumenthal-Str.
52056 Aachen
Germany
editor@physik-denken.de

ISSN 0937-7433
ISBN 978-3-642-13736-5   e-ISBN 978-3-642-13737-2
DOI 10.1007/978-3-642-13737-2
Springer Heidelberg Dordrecht London New York

Die Deutsche Nationalbibliothek verzeichnet diese Publikation in der Deutschen Nationalbibliografie; detaillierte bibliografische Daten sind im Internet über http://dnb.d-nb.de abrufbar.

© Springer-Verlag Berlin Heidelberg 2011
Dieses Werk ist urheberrechtlich geschützt. Die dadurch begründeten Rechte, insbesondere die der Übersetzung, des Nachdrucks, des Vortrags, der Entnahme von Abbildungen und Tabellen, der Funksendung, der Mikroverfilmung oder der Vervielfältigung auf anderen Wegen und der Speicherung in Datenverarbeitungsanlagen, bleiben, auch bei nur auszugsweiser Verwertung, vorbehalten. Eine Vervielfältigung dieses Werkes oder von Teilen dieses Werkes ist auch im Einzelfall nur in den Grenzen der gesetzlichen Bestimmungen des Urheberrechtsgesetzes der Bundesrepublik Deutschland vom 9. September 1965 in der jeweils geltenden Fassung zulässig. Sie ist grundsätzlich vergütungspflichtig. Zuwiderhandlungen unterliegen den Strafbestimmungen des Urheberrechtsgesetzes.
Die Wiedergabe von Gebrauchsnamen, Handelsnamen, Warenbezeichnungen usw. in diesem Werk berechtigt auch ohne besondere Kennzeichnung nicht zu der Annahme, dass solche Namen im Sinne der Warenzeichen- und Markenschutz-Gesetzgebung als frei zu betrachten wären und daher von jedermann benutzt werden dürften.

Text und Abbildungen wurden mit größter Sorgfalt erarbeitet. Verlag, Herausgeber und Autoren können jedoch für eventuell verbliebene fehlerhafte Angaben und deren Folgen weder eine juristische Verantwortung noch irgendeine Haftung übernehmen.

Einbandentwurf: WMXDesign GmbH, Heidelberg

Gedruckt auf säurefreiem Papier

Springer ist Teil der Fachverlagsgruppe Springer Science+Business Media (www.springer.com)

Physik Denken

Die Physik stellt die Beobachtung, die Erklärung und die Vorhersage von Naturvorgängen in den direkten Zusammenhang mit der Mathematik. Physikalische Denk- und Arbeitsfähigkeiten erfordern deshalb fundierte Kenntnisse über die experimentellen Methoden, die Interpretation von Messungen und die physikalischen Konzepte, die auf mathematischer Basis entwickelt werden.

Die Lehr- und Lernmodule der Reihe *Physik Denken* orientieren sich an den Anforderungen des Bachelorstudiums der Physik. Die Reihe konkretisiert den Lehr- und Lernstoff der Experimentalphysikkurse an den Universitäten. Studierende sollen sich die wesentlichen physikalischen Konzepte aneignen, experimentelle und statistische Methoden zu deren Überprüfung kennenlernen und Fähigkeiten zur Durchführung zugehöriger Berechnungen entwickeln.

Die Portionierung des Lernstoffs in der Reihe *Physik Denken*, die ausführlichen Berechnungen, die vielen Abbildungen, die Beispiele und die kleinen Aufgaben vermitteln die Machbarkeit des Studiums. Einige, teilweise anspruchsvolle Experimente werden ausführlich beschrieben. Das Layout lädt zur Mitarbeit ein und bietet Platz für das Einfügen eigener Anmerkungen. Größe und Gewicht der einzelnen Lehr- und Lernmodule sind zur täglichen Mitnahme an die Universität konzipiert.

Als Herausgeber der Reihe *Physik Denken* und Autor des vorliegenden Buchs danke ich dem Springer-Verlag, insbesondere dem Lektor Herrn Dr. rer. nat. Schneider, für die professionelle Unterstützung bei der Umsetzung der Lehr- und Lernmodule. Für die fachliche Begutachtung danke ich meinem Kollegen Herrn Univ.-Prof. Dr. rer. nat. Flügge. Vielen engagierten Mitarbeitern danke ich für Korrekturen und die Unterstützung beim Übertragen der Formeln und Bilder in das LaTeX-System. Meiner Partnerin danke ich für ihr konstruktives Encouragement.

Aachen, 2010   Martin Erdmann

Inhaltsverzeichnis

1 Erhaltungssätze 1
    1.1 Energieerhaltung 1
    1.2 Impulserhaltung 2
    1.3 Drehimpulserhaltung 2

2 Elastische Stoßprozesse 3
    2.1 Kollision mit gleichen Massen 3
    2.2 Kollision mit verschiedenen Massen 5

3 Koordinatensysteme 9
    3.1 Kartesische Koordinaten 9
    3.2 Zylinderkoordinaten 11
    3.3 Kugelkoordinaten 15

4 Gravitationswechselwirkung nach Newton 19
    4.1 Gravitationskraft 19
    4.2 Messung der Gravitationskonstanten 23
    4.3 Gravitationspotential 29
    4.4 Energie eines Himmelskörpers 33
    4.5 Bahnkurven von Himmelskörpern 35
    4.6 Historischer Bezug 45

5 Transformation zwischen Bezugssystemen 47
    5.1 Inertialsystem 47
    5.2 Galilei-Transformation 47
    5.3 Beschleunigte Bezugssysteme 49
    5.4 Lorentztransformation 57

6 Spezielle Relativitätstheorie 61
    6.1 Lichtgeschwindigkeit 61
    6.2 Zeitdilatation 62
    6.3 Längenkontraktion 64

6.4	Raumzeit-Diagramme	65
6.5	Energie-Impuls-Raum	69
6.6	Anwendung: Elementarteilchenphysik	72

7 Lösungen zu den Aufgaben 81

Literaturverzeichnis 85

Sachverzeichnis 87

Kapitel 1
Erhaltungssätze

Erhaltungssätze haben fundamentale Bedeutung in der Physik. Die wichtigsten Erhaltungssätze in der Mechanik beziehen sich auf die Energie, den Impuls und den Drehimpuls eines Systems.

Erhaltungssätze gelten für geschlossene Systeme, d.h. Systeme, die nicht mit ihrer Umgebung in Wechselwirkung treten. Wenn allerdings der Energieaustausch mit der Umgebung explizit in der Energiegleichung berücksichtigt wird, ist auch hier eine konsistente Formulierung der Energieerhaltung möglich.

1.1 Energieerhaltung

Die Gesamtenergie

$$E = \sum_{i=1}^{N} E_i \tag{1.1}$$

eines abgeschlossenen Systems bleibt zeitlich konstant

$$\boxed{E = const.} \tag{1.2}$$

Dabei können verschiedene Energieformen innerhalb des Systems ineinander umgewandelt werden.

Für konservative Kräfte hängt die Gesamtenergie E mit der kinetischen Energie E_{kin} und der potentiellen Energie E_{pot} wie folgt zusammen:

$$E = E_{pot} + E_{kin} = const. \tag{1.3}$$

Ist eine Kraft nicht konservativ, muss man andere Energieformen berücksichtigen, wie z.B. Wärmeenergie, die bei Reibungsphänomenen auftritt.

1.2 Impulserhaltung

Die Impulserhaltung für einzelne Körper oder Teilchen ist bereits in Newtons Gesetzen formuliert. Wenn keine äußeren Kräfte auf das Teilchen wirken, so ist $d\vec{p}/dt = \sum_{j=1}^{k} \vec{F}_j = 0$. Dann bleibt der Impuls des Teilchens $\vec{p} = const.$

Auch der Gesamtimpuls

$$\vec{P} = \sum_{i=1}^{N} \vec{p}_i \tag{1.4}$$

eines abgeschlossenen Systems von N Teilchen bleibt zeitlich konstant, wenn keine äußeren Kräfte auf das System wirken:

$$\frac{d\vec{P}}{dt} = 0 \tag{1.5}$$

$$\Rightarrow \boxed{\vec{P} = const.} \tag{1.6}$$

1.3 Drehimpulserhaltung

Die Drehimpulserhaltung für einzelne Körper oder Teilchen ist in der Formulierung der Bewegungsgesetze für Drehbewegungen enthalten. Für $d\vec{L}/dt = \sum_{j=1}^{k} \vec{D}_j = 0$ bleibt der Drehimpuls des Teilchens konstant: $\vec{L} = const.$

Ebenso bleibt auch der Gesamtdrehimpuls

$$\vec{L} = \sum_{i=1}^{N} \vec{L}_i \tag{1.7}$$

eines abgeschlossenen Systems von N Teilchen zeitlich konstant. Wenn keine äußeren Drehmomente auf das System wirken, gilt

$$\frac{d\vec{L}}{dt} = 0 \tag{1.8}$$

$$\Rightarrow \boxed{\vec{L} = const.} \tag{1.9}$$

Kapitel 2
Elastische Stoßprozesse

In diesem Kapitel untersuchen wir die Auswirkungen von elastischen Kollisionen auf die Bewegungen der Kollisionspartner.

2.1 Kollision mit gleichen Massen

Elastische Stöße zwischen Kugeln, Teilchen etc. können wir mit den Konzepten der Energie- und Impulserhaltung verstehen.

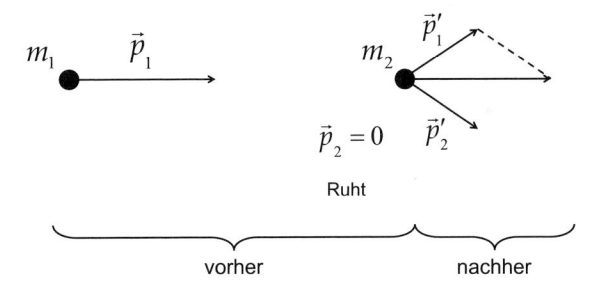

Bei einem elastischen Stoß zweier Kugeln muss der Gesamtimpuls des Systems aus den beiden Kugeln vor der Kollision

$$\vec{P} = \vec{p}_1 + \vec{p}_2 \tag{2.1}$$

genauso groß sein, wie der Gesamtimpuls nach der Kollision

$$\vec{P}' = \vec{p}_1' + \vec{p}_2' \ . \tag{2.2}$$

Da die Kugel mit der Masse m_2 anfangs ruht, vereinfacht sich die Impulserhaltung zu

$$\vec{P} = \vec{P}' \tag{2.3}$$
$$\vec{p}_1 + \underbrace{\vec{p}_2}_{=0} = \vec{p}_1' + \vec{p}_2' \ . \tag{2.4}$$

Ebenso muss die Energieerhaltung gelten. Die Gesamtenergien vor und nach der Kollision müssen gleich groß sein:

$$E = E' \tag{2.5}$$

Die Kugeln sollen sich auf einem Tisch reibungsfrei mit Energien E_{kin} bewegen und außer der direkten Kollision keine zusätzliche Wechselwirkung austauschen ($E_{pot} = 0$).

Die Gesamtenergie des Systems aus beiden Kugeln können wir aus dem Anfangszustand berechnen, bei dem nur die erste Kugel Bewegungsenergie besitzt:

$$E = E_{kin,1} + \underbrace{E_{pot}}_{\text{hier }=0} \tag{2.6}$$
$$= \frac{\vec{p}_1^{\,2}}{2m} \tag{2.7}$$

Mit der anfangs ruhenden Kugel ($E_{kin,2} = 0$) ist die Energieerhaltung (2.5)

$$E_1 = E_1' + E_2' \ . \tag{2.8}$$

Betrachten wir zunächst den Fall, dass beide Massen gleich groß sind ($m_1 = m_2 = m$). Quadrieren wir die Gleichung der Impulserhaltung (2.4), so ergibt sich

$$\vec{p}_1^{\,2} = \left(\vec{p}_1' + \vec{p}_2'\right)^2 \tag{2.9}$$
$$= \vec{p}_1'^{\,2} + \vec{p}_2'^{\,2} + 2 \cdot \vec{p}_1' \cdot \vec{p}_2' \ . \tag{2.10}$$

Aus der Energieerhaltung (2.8) folgt:

$$\frac{\vec{p}_1^{\,2}}{2m} = \frac{\vec{p}_1'^{\,2}}{2m} + \frac{\vec{p}_2'^{\,2}}{2m} \tag{2.11}$$
$$\vec{p}_1^{\,2} = \vec{p}_1'^{\,2} + \vec{p}_2'^{\,2} \tag{2.12}$$

Aus den Gl. (2.10) und (2.12) erhalten wir, dass – abgesehen von trivialen Lösungen – im Allgemeinen das Skalarprodukt

$$\vec{p}_1' \cdot \vec{p}_2' = 0 \tag{2.13}$$
$$|\vec{p}_1'| \cdot |\vec{p}_2'| \cdot \cos(\theta_{12}) = 0 \tag{2.14}$$

2.2 Kollision mit verschiedenen Massen

Null sein muss. Die Bedingung ist dann erfüllt, wenn $\cos(\theta_{12}) = 0$ ist, also wenn der Winkel der beiden Flugrichtungen der Kugeln im Endzustand $\theta_{12} = 90°$ beträgt. Ein Spezialfall ist das zentrale Auftreffen der ersten Kugel auf die zweite Kugel (**zentraler Stoß**). Für $\theta_{12} = 0°$ ist $\cos(\theta_{12}) = 1$. Die Bedingung (2.14) ist dann erfüllt, wenn $\vec{p}\,'_1 = 0$ ist, d.h. die erste Kugel nach dem Stoß liegen bleibt.

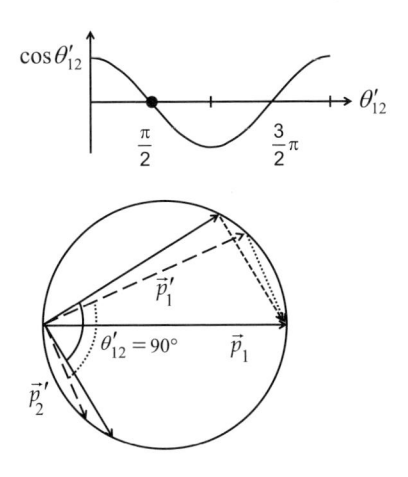

Experiment: Stoß zweier Kugeln

Lässt man eine Kugel über eine schräg gestellte Schiene auf eine zweite, ruhende Kugel treffen, die anschließend beide in einen mit Sand gefüllten Kasten fallen, so kann man die Differenz der Flugwinkel von 90° sehr schön nachweisen. Für verschiedene Stoßparameter (Abweichung vom zentralen Auftreffen auf die zweite Kugel) lässt sich die Kreisform (Thaleskreis) demonstrieren.

2.2 Kollision mit verschiedenen Massen

Wählen wir Kugeln mit ungleichen Massen, so lassen sich die Massenterme in der Energieerhaltung (2.11)

$$\frac{\vec{p}_1^{\,2}}{2m_1} = \frac{\vec{p}\,'^{\,2}_1}{2m_1} + \frac{\vec{p}\,'^{\,2}_2}{2m_2} \qquad (2.15)$$

nicht einfach eliminieren.

Wir wählen das Koordinatensystem so, dass sich die erste, einlaufende Kugel in der x-Richtung auf die zweite, ruhende Kugel zubewegt. Im Allgemeinen haben beide Kugeln nach der Kollision einen von Null verschiedenen Impuls, den wir in seine p'_x- und p'_y- Komponenten zerlegen.

Da vor der Kollision keine Impulskomponente in der p_y-Richtung vorhanden war, impliziert die Impulserhaltung, dass die p'_y-Komponenten der Kugelimpulse nach dem Stoß entgegengesetzt gleich groß sind:

$$p'_{1y} = -p'_{2y} \tag{2.16}$$

In Abhängigkeit der Impulskomponenten sind dann die Quadrate der Impulse nach dem Stoß

$$\vec{p}'^2_2 = p'^2_{2x} + p'^2_{2y} \tag{2.17}$$

$$\vec{p}'^2_1 = \left(|\vec{p}_1| - p'_{2x}\right)^2 + p'^2_{2y} . \tag{2.18}$$

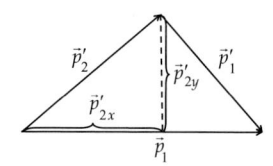

Durch Einsetzen in die Energieerhaltungsgleichung (2.15) und Umsortieren der Terme nach p'^2_{2x} und p'^2_{2y} erhalten wir:

$$\frac{\vec{p}^2_1}{2m_1} = \frac{\left(|\vec{p}_1| - p'_{2x}\right)^2 + p'^2_{2y}}{2m_1} + \frac{p'^2_{2x} + p'^2_{2y}}{2m_2} \tag{2.19}$$

$$0 = p'^2_{2x}\frac{1}{m_1} + p'^2_{2y}\frac{1}{m_1} - 2p'_{2x}\frac{|\vec{p}_1|}{m_1} + p'^2_{2x}\frac{1}{m_2} + p'^2_{2y}\frac{1}{m_2} \tag{2.20}$$

$$0 = p'^2_{2x}\left[\frac{1}{m_1} + \frac{1}{m_2}\right] - 2p'_{2x}v_1 + p'^2_{2y}\left[\frac{1}{m_1} + \frac{1}{m_2}\right] \tag{2.21}$$

$$0 = p'^2_{2x} - 2p'_{2x}v_1\left[\frac{m_1 + m_2}{m_1 m_2}\right]^{-1} + p'^2_{2y} \tag{2.22}$$

Wir definieren die sogenannte **reduzierte Masse** μ durch

$$\mu \equiv \frac{m_1 m_2}{m_1 + m_2} . \tag{2.23}$$

Damit vereinfacht sich die Gleichung (2.22) zu

$$p'^2_{2x} - 2p'_{2x}v_1\mu + p'^2_{2y} = 0 . \tag{2.24}$$

2.2 Kollision mit verschiedenen Massen

Die Interpretation der Gleichung können wir durch quadratische Ergänzung erleichtern:

$$\left(p'_{2x} - \mu v_1\right)^2 + p'^2_{2y} - (\mu v_1)^2 = 0 \tag{2.25}$$

$$\left(p'_{2x} - \mu v_1\right)^2 + p'^2_{2y} = (\mu v_1)^2 \tag{2.26}$$

Diese Gleichung hat die Form einer Kreisgleichung ($x^2 + y^2 = R^2$).

Auch beim Stoß zweier Kugeln ungleicher Massen liegen die Impulskomponenten der zweiten Kugel auf einem Kreis, dessen Radius $R = \mu v_1$ beträgt und dessen Mittelpunkt um $\mu v_1 = R$ verschoben ist:

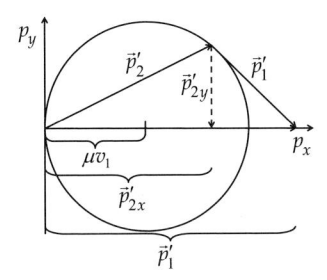

Der Impuls der ersten Kugel nach dem Stoß lässt sich aus (2.26) und der Impulserhaltung

$$\vec{p}'_1 = \vec{p}_1 - \vec{p}'_2 \tag{2.27}$$

berechnen.

Kapitel 3
Koordinatensysteme

Wenn wir allgemeine Drehbewegungen, Planetenbahnen, Sternpositionen etc. beschreiben wollen, erweisen sich die gewohnten kartesischen Koordinaten oft als wenig vorteilhaft. Wir verwenden flexibel die Koordinatensysteme, die für die jeweilige Fragestellung am besten geeignet sind.

Die folgenden drei Koordinatensysteme werden besonders häufig verwendet:

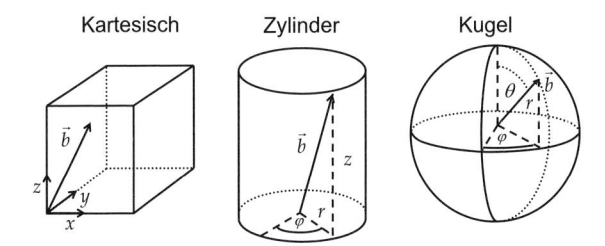

Wir stellen im Folgenden ihre wichtigsten Eigenschaften und Relationen zusammen und beginnen mit oft verwendeten Aspekten der kartesischen Koordinaten.

3.1 Kartesische Koordinaten

Ein Ortsvektor $\vec{b}$ wird in kartesischen Koordinaten beschrieben durch

$$\vec{b} = \begin{pmatrix} b_x \\ b_y \\ b_z \end{pmatrix} . \quad (3.1)$$

Der Betrag des Vektors ist

$$b = |\vec{b}| = \sqrt{b_x^2 + b_y^2 + b_z^2} . \quad (3.2)$$

Die Einheitsvektoren im kartesischen Koordinatensystem sind:

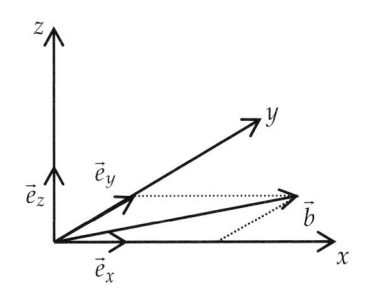

$$\vec{e}_x = \begin{pmatrix} 1 \\ 0 \\ 0 \end{pmatrix} \qquad \vec{e}_y = \begin{pmatrix} 0 \\ 1 \\ 0 \end{pmatrix} \qquad \vec{e}_z = \begin{pmatrix} 0 \\ 0 \\ 1 \end{pmatrix} \qquad (3.3)$$

Sie bilden ein rechtshändiges, orthogonales Dreibein.

Das Skalarprodukt eines Vektors $\vec{b}$ mit einem der Einheitsvektoren ergibt die Projektion von $\vec{b}$ auf die jeweilige Achse. Damit erhält man die Komponente von $\vec{b}$ entlang dieser Richtung:

$$b_x = \vec{b} \cdot \vec{e}_x = |\vec{b}| \cdot \underbrace{|\vec{e}_x|}_{=1} \cdot \cos\theta_{\vec{b},\vec{e}_x} \qquad (3.4)$$

$$= b \cdot \cos\theta_{\vec{b},\vec{e}_x} \qquad (3.5)$$

Analog bekommt man die beiden anderen Komponenten, so dass sich der Vektor durch die Einheitsvektoren folgendermaßen ausdrücken lässt:

$$\vec{b} = b_x \vec{e}_x + b_y \vec{e}_y + b_z \vec{e}_z \qquad (3.6)$$

Im kartesischen Koordinatensystem ist ein Linienelement definiert durch:

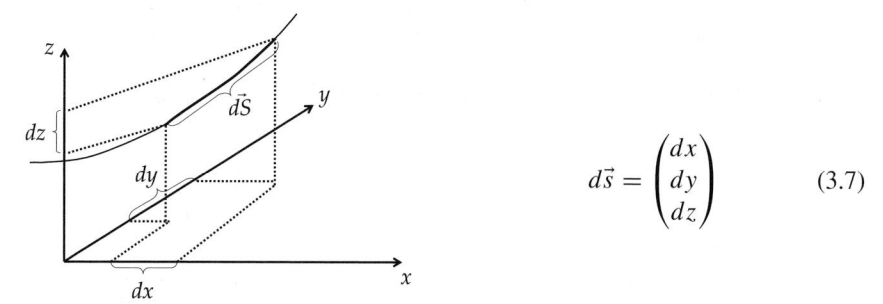

$$d\vec{s} = \begin{pmatrix} dx \\ dy \\ dz \end{pmatrix} \qquad (3.7)$$

Die Geschwindigkeit ist:

$$\vec{v} = \frac{d\vec{s}}{dt} = \begin{pmatrix} \frac{dx}{dt} \\ \frac{dy}{dt} \\ \frac{dz}{dt} \end{pmatrix} = \begin{pmatrix} \dot{x} \\ \dot{y} \\ \dot{z} \end{pmatrix} \qquad (3.8)$$

Die Beschleunigung lautet:

$$\vec{a} = \frac{d\vec{v}}{dt} = \begin{pmatrix} \frac{d^2x}{dt^2} \\ \frac{d^2y}{dt^2} \\ \frac{d^2z}{dt^2} \end{pmatrix} = \begin{pmatrix} \ddot{x} \\ \ddot{y} \\ \ddot{z} \end{pmatrix} \qquad (3.9)$$

3.2 Zylinderkoordinaten

Das Flächenelement ist:

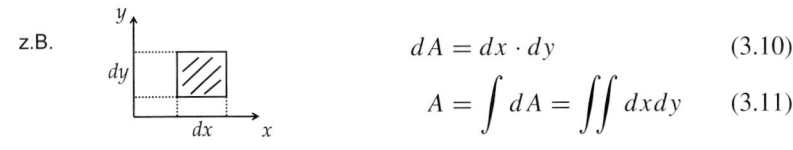

z.B.

$$dA = dx \cdot dy \quad (3.10)$$

$$A = \int dA = \iint dx\,dy \quad (3.11)$$

Das Volumenelement ist:

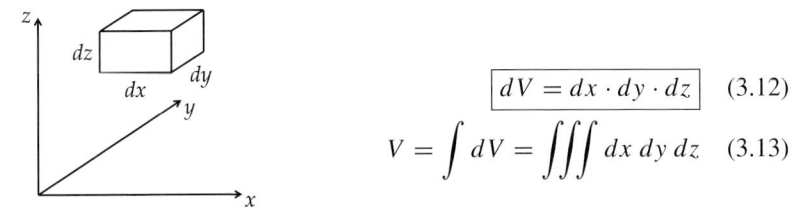

$$\boxed{dV = dx \cdot dy \cdot dz} \quad (3.12)$$

$$V = \int dV = \iiint dx\,dy\,dz \quad (3.13)$$

Der sogenannte Gradient bildet einen Vektor aus den partiellen Ableitungen in die drei Koordinatenrichtungen:

$$\mathrm{grad} = \vec{e}_x \frac{\partial}{\partial x} + \vec{e}_y \frac{\partial}{\partial y} + \vec{e}_z \frac{\partial}{\partial z} \quad (3.14)$$

3.2 Zylinderkoordinaten

Hat man ein zu einer Achse rotationssymmetrisches System, so eignen sich die Zylinderkoordinaten. Betrachtet man nur die x-y-Ebene ($z = 0$), entsprechen die Zylinderkoordinaten den Polarkoordinaten.

In dem zylindrischen System wird ein Ortsvektor $\vec{b}$ beschrieben durch

den Radius r,
den Azimuthalwinkel φ
und die kartesische Koordinate z':

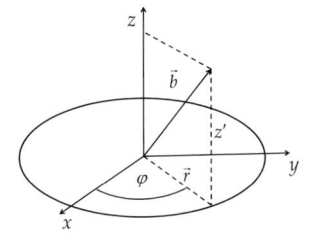

Um vom zylindrischen System in das kartesische System zu gelangen, kann man die folgenden Umrechnungen verwenden:

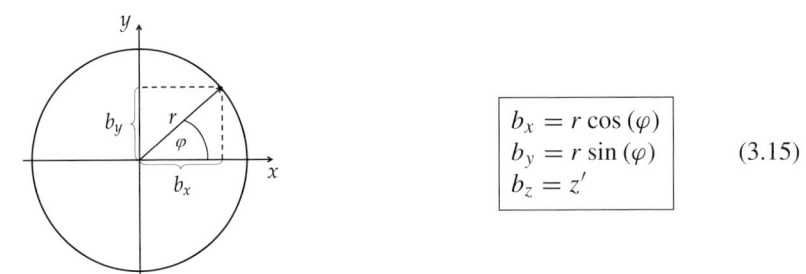

$$\boxed{\begin{aligned} b_x &= r\cos(\varphi) \\ b_y &= r\sin(\varphi) \\ b_z &= z' \end{aligned}} \quad (3.15)$$

Mit

$$b_x^2 + b_y^2 = r^2 \left(\cos^2(\varphi) + \sin^2(\varphi)\right) = r^2 \qquad (3.16)$$

$$\frac{b_y}{b_x} = \frac{\sin(\varphi)}{\cos(\varphi)} = \tan(\varphi) \qquad (3.17)$$

kann man für die Umkehrung schreiben

$$r = \sqrt{b_x^2 + b_y^2} \qquad (3.18)$$

$$\varphi = \arctan\left(\frac{b_y}{b_x}\right) \qquad (3.19)$$

$$z' = b_z \; . \qquad (3.20)$$

Die Einheitsvektoren der Zylinderkoordinaten sind:

$$\vec{e}_r = \begin{pmatrix} \cos(\varphi) \\ \sin(\varphi) \\ 0 \end{pmatrix} \qquad \vec{e}_\varphi = \begin{pmatrix} -\sin(\varphi) \\ \cos(\varphi) \\ 0 \end{pmatrix} \qquad \vec{e}_z = \vec{e}_{z'} = \begin{pmatrix} 0 \\ 0 \\ 1 \end{pmatrix} \qquad (3.21)$$

Sie bilden ein orthogonales Dreibein:

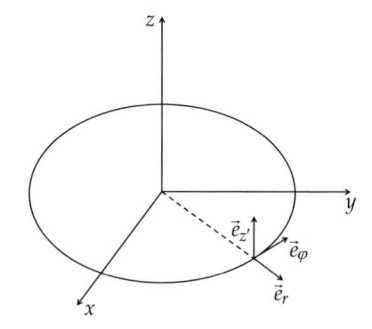

Das Linienelement (in drei Dimensionen) ist:

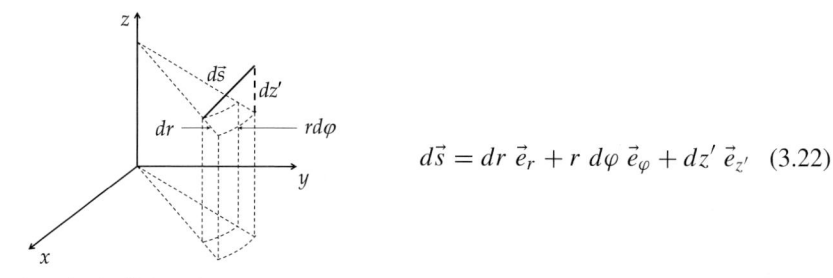

$$d\vec{s} = dr\,\vec{e}_r + r\,d\varphi\,\vec{e}_\varphi + dz'\,\vec{e}_{z'} \qquad (3.22)$$

Die Geschwindigkeit lautet:

$$\vec{v} = \frac{d\vec{s}}{dt} \qquad (3.23)$$

$$= \dot{r}\,\vec{e}_r + r\,\dot{\varphi}\,\vec{e}_\varphi + \dot{z}'\,\vec{e}_{z'} \qquad (3.24)$$

3.2 Zylinderkoordinaten

Die Beschleunigung ist:

$$\vec{a} = \frac{d\vec{v}}{dt} = \frac{d}{dt}\left(\dot{r}\,\vec{e}_r + r\,\dot{\varphi}\,\vec{e}_\varphi + \dot{z}'\,\vec{e}_z\right) \tag{3.25}$$

$$\ldots = \left(\ddot{r} - r\dot{\varphi}^2\right)\vec{e}_r + (\dot{r}\dot{\varphi} + r\ddot{\varphi})\,\vec{e}_\varphi + \ddot{z}'\vec{e}_z \tag{3.26}$$

Das Flächenelement für $z' = 0$ ist:

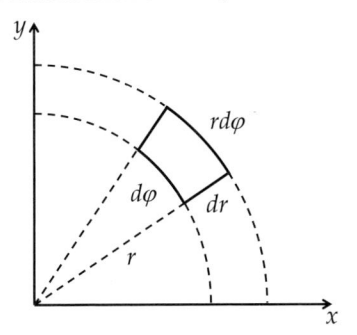

$$dA = dr \cdot r\,d\varphi \tag{3.27}$$
$$= r\,dr\,d\varphi \tag{3.28}$$
$$A = \iint r\,dr\,d\varphi \tag{3.29}$$

Das Flächenelement auf der Zylinderoberfläche ist:

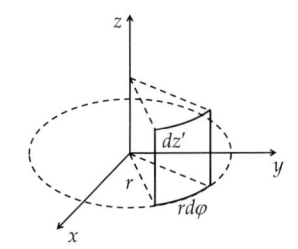

$$dA = r \cdot d\varphi\,dz' \tag{3.30}$$
$$A = r \iint d\varphi\,dz' \tag{3.31}$$

Das Volumenelement ist:

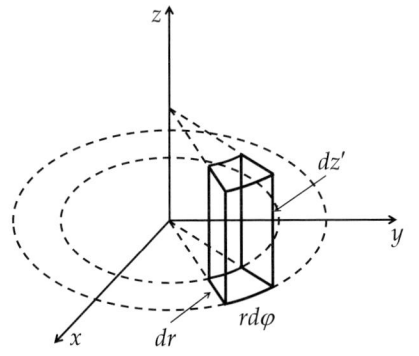

$$dV = dr\,r d\varphi\,dz' \tag{3.32}$$
$$\boxed{dV = r dr\,d\varphi\,dz'} \tag{3.33}$$
$$V = \iiint r\,dr\,d\varphi\,dz' \tag{3.34}$$

Der Gradient bildet einen Vektor aus den partiellen Ableitungen in die drei Koordinatenrichtungen:

$$\operatorname{grad} = \vec{e}_r\frac{\partial}{\partial r} + \vec{e}_\varphi\frac{1}{r}\frac{\partial}{\partial \varphi} + \vec{e}_z'\frac{\partial}{\partial z'} \tag{3.35}$$

Beispiel: Gleichförmige Kreisbewegung

Für eine gleichförmige Kreisbewegung ($\ddot{\varphi} = 0$) in der Ebene $z' = 0$ mit $r = const.(\rightarrow \dot{r} = 0)$ ist die Geschwindigkeit:

$$\vec{v} = r\,\frac{d\varphi}{dt}\,\vec{e}_\varphi = r\dot{\varphi}\begin{pmatrix} -\sin(\dot{\varphi}t) \\ \cos(\dot{\varphi}t) \\ 0 \end{pmatrix} \tag{3.36}$$

Die Beschleunigung ist hier die Zentripetalbeschleunigung:

$$\vec{a} = -r\,\dot{\varphi}^2\,\vec{e}_r = -r\dot{\varphi}^2 = -r\,\dot{\varphi}^2\begin{pmatrix} \cos(\dot{\varphi}t) \\ \sin(\dot{\varphi}t) \\ 0 \end{pmatrix} \tag{3.37}$$

Aufgabe 3.1: Strohhalm

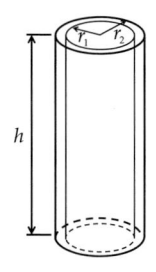

Gegeben sind die Ausmaße des Strohhalms:

$$r_1 = 2\,\text{mm}$$
$$r_2 = 2,5\,\text{mm}$$
$$h = 200\,\text{mm}$$

Gesucht ist:

Wieviel Material wird zur Herstellung benötigt?
(1 Punkt)

Lösung zu Aufgabe 3.1: Strohhalm

3.3 Kugelkoordinaten

Im Koordinatensystem der Kugelkoordinaten (auch: sphärische Koordinaten) wird ein Ortsvektor $\vec{b}$ beschrieben durch

den Radius r,
den Azimuthalwinkel φ,
und den Polarwinkel θ,
wobei $\theta = 0$ ist, wenn der
Vektor $\vec{b}$ parallel zu $\vec{e}_z$ steht:

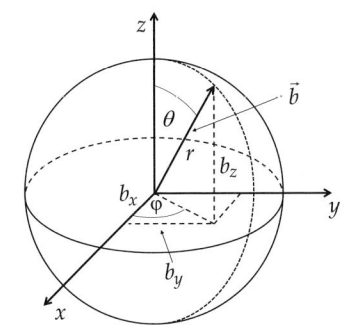

In der x, y Ebene entsprechen die Kugelkoordinaten den Polarkoordinaten. Die Umrechnung von Kugelkoordinaten in kartesische Koordinaten lautet:

$$\boxed{\begin{aligned} b_x &= r \cos(\varphi) \sin(\theta) \\ b_y &= r \sin(\varphi) \sin(\theta) \\ b_z &= r \cos(\theta) \end{aligned}} \quad (3.38)$$

Die Rücktransformation ist:

$$r = \sqrt{b_x^2 + b_y^2 + b_z^2} \quad (3.39)$$

$$\varphi = \arctan\left(\frac{b_y}{b_x}\right) \quad (3.40)$$

$$\theta = \arccos\left(\frac{b_z}{r}\right) = \arccos\left(\frac{b_z}{\sqrt{b_x^2 + b_y^2 + b_z^2}}\right) \quad (3.41)$$

Die Einheitsvektoren der Kugel-Koordinaten

$$\vec{e}_r = \begin{pmatrix} \cos(\varphi)\sin(\theta) \\ \sin(\varphi)\sin(\theta) \\ \cos(\theta) \end{pmatrix} \quad \vec{e}_\theta = \begin{pmatrix} \cos(\varphi)\cos(\theta) \\ \sin(\varphi)\cos(\theta) \\ -\sin(\theta) \end{pmatrix} \quad \vec{e}_\varphi = \begin{pmatrix} -\sin(\varphi) \\ \cos(\varphi) \\ 0 \end{pmatrix} \quad (3.42)$$

bilden ein orthogonales Dreibein:

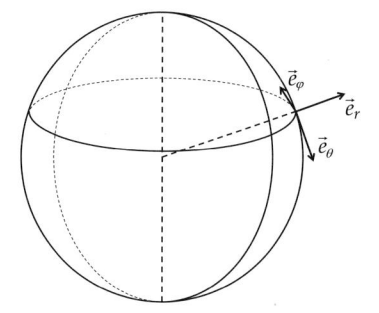

$\vec{e}_r$ radialer Vektor
$\vec{e}_\theta$ Tangente an den Längenkreis
$\vec{e}_\varphi$ Tangente an den Breitenkreis

Das Linienelement (in drei Dimensionen) ist:

$$d\vec{s} = dr\,\vec{e}_r + r\,d\theta\,\vec{e}_\theta + r\,\sin(\theta)\,d\varphi\,\vec{e}_\varphi \qquad (3.43)$$

Die Geschwindigkeit lautet:

$$\vec{v} = \frac{d\vec{s}}{dt} \qquad (3.44)$$

$$= \dot{r}\,\vec{e}_r + r\,\dot{\theta}\,\vec{e}_\theta + r\,\sin(\theta)\,\dot{\varphi}\,\vec{e}_\varphi \qquad (3.45)$$

Die Beschleunigung wird selten benötigt. Nach einer längeren Rechnung, die hier nicht vorgeführt wird, erhält man:

$$\vec{a} = \left[\ddot{r} - r\dot{\theta}^2 - r\sin^2(\theta)\,\dot{\varphi}^2\right]\cdot\vec{e}_r \qquad (3.46)$$

$$+ \left[2\dot{r}\dot{\theta} + r\ddot{\theta} - r\sin(\theta)\cos(\theta)\,\dot{\varphi}^2\right]\cdot\vec{e}_\theta \qquad (3.47)$$

$$+ \left[(r\ddot{\varphi} + 2\dot{r}\dot{\varphi})\sin(\theta) + 2r\dot{\varphi}\dot{\theta}\cos(\theta)\right]\cdot\vec{e}_\varphi \qquad (3.48)$$

Das Flächenelement ist:

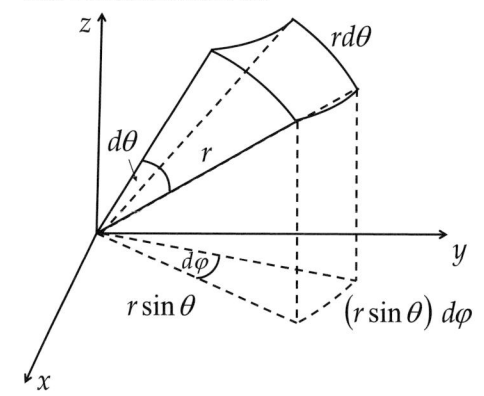

$$dA = rd\theta\,(r\sin(\theta))\,d\varphi \qquad (3.49)$$

$$\boxed{dA = r^2\sin(\theta)\,d\theta\,d\varphi} \qquad (3.50)$$

$$A = r^2\iint \sin(\theta)\,d\theta\,d\varphi \qquad (3.51)$$

3.3 Kugelkoordinaten

Das Volumenelement ist:

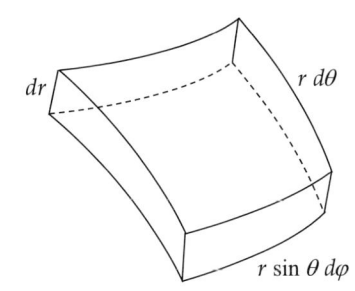

$$dV = dr\, r\, d\theta\, r \sin(\theta)\, d\varphi \quad (3.52)$$

$$\boxed{dV = r^2 dr \sin(\theta)\, d\theta\, d\varphi} \quad (3.53)$$

$$V = \iiint r^2 dr \sin(\theta)\, d\theta\, d\varphi \quad (3.54)$$

Der Gradient bildet einen Vektor aus den partiellen Ableitungen in die drei Koordinatenrichtungen:

$$\text{grad} = \vec{e}_r \frac{\partial}{\partial r} + \vec{e}_\theta \frac{1}{r} \frac{\partial}{\partial \theta} + \vec{e}_\varphi \frac{1}{r \sin \theta} \frac{\partial}{\partial \varphi} \quad (3.55)$$

Beispiel: Gleichförmige Kreisbewegung

Die Geschwindigkeit für eine Kreisbewegung auf einem Breitenkreis ($\dot{r} = 0$ und $\dot{\theta} = 0$) ist:

$$\vec{v} = r \sin(\theta)\, \dot{\varphi} \begin{pmatrix} -\sin(\dot{\varphi} t) \\ \cos(\dot{\varphi} t) \\ 0 \end{pmatrix} \quad (3.56)$$

Für den Längenkreis mit $\varphi = 0$ gilt:

$$\vec{v} = r \cdot \dot{\theta} \begin{pmatrix} \cos(\dot{\theta} t) \\ 0 \\ -\sin(\dot{\theta} t) \end{pmatrix} \quad (3.57)$$

Aufgabe 3.2: Kugeloberfläche

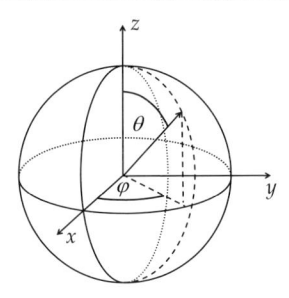

Gesucht:

Berechnen Sie die Oberfläche der Kugel.

(1 Punkt)

Lösung zu Aufgabe 3.2: Kugeloberfläche

Kapitel 4
Gravitationswechselwirkung nach Newton

Gravitation ist die fundamentale Wechselwirkung, die eine Anziehung zwischen massebehafteten Körpern verursacht. Wir werden im Folgenden Newtons Gravitationsgesetz vorstellen und die Bewegungen von Himmelskörpern berechnen.

4.1 Gravitationskraft

Zwischen zwei massebehafteten Körpern M und m wirkt eine anziehende Kraft, die Gravitationskraft.

Isaac Newton formulierte für die Kraft $\vec{F}_1$ bzw. $\vec{F}_2$ folgendes Kraftgesetz:

$$\vec{F} = -G\,\frac{m\,M}{r^2}\,\vec{e}_r \qquad (4.1)$$

Die verschiedenen Terme werden wir im Folgenden motivieren.

Stellen wir uns eine punktförmige Quelle der Intensität $I_\circ$ vor (z.B. eine Lampe), die gleichmäßig in alle Richtungen strahlt. Im Abstand r verteilt sich die Intensität ihres Lichts auf die Kugeloberfläche $4\pi r^2$. Auf einer Einheitsfläche im Abstand r ist die registrierte Intensität der Quelle deswegen um den geometrischen Faktor

$$I \propto I_\circ \frac{1}{r^2} \qquad (4.2)$$

geringer.

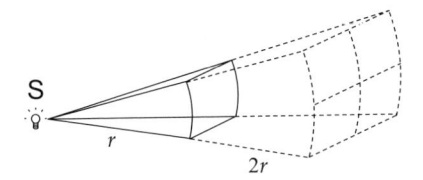

Für Punktquellen impliziert die Geometrie eine Abnahme der Intensität mit dem Quadrat des Abstands zur Quelle.

Mit dieser Überlegung bedeuten die verschiedenen Terme der Gravitationskraft (4.1):

$F \propto \frac{1}{r^2}$ Kraft aus geometrischem Grund abnehmend,
$\vec{F} \propto \vec{e}_r$ Kraft wirkt entlang der Verbindungsachse,
$F \propto mM$ „Menge" der involvierten Massen,
$F < 0$ Vorzeichenkonvention für anziehende Kräfte.

Der Parameter G ist eine fundamentale konstante Größe der Physik und heißt **Gravitationskonstante**. G hat den Wert:

$$G = 6,67428 \cdot 10^{-11} \frac{\text{Nm}^2}{\text{kg}^2} \quad (4.3)$$

Die Gravitationskraft ist eine Zentralkraft, die nur vom Abstand r der beiden massebehafteten Körper abhängt. Denkt man sich eine Kugelschale um die Masse M und verschiebt die Masse m auf dieser Kugeloberfläche, bleibt die Gravitationskraft zwischen den beiden Massen gleich groß.

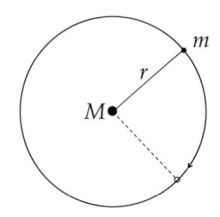

Wenn man die Masse m von der anderen Masse M entfernt, ist die dabei geleistete Arbeit nur vom Abstand r zwischen den beiden Massen abhängig und unabhängig vom exakten Weg. Die Gravitationskraft ist somit eine konservative Kraft.

Befindet man sich in Erdnähe, können wir näherungsweise alle Werte zusammenfassen, die sich nicht (G, M) oder kaum verändern ($r = R_{Erde} + h \approx R_{Erde}$). Aus (4.1) ergibt sich dann

4.1 Gravitationskraft

$$g \equiv \frac{G \cdot M_{Erde}}{R_{Erde}^2} \qquad (4.4)$$

$$= \frac{6,67428 \cdot 10^{-11} \cdot 5,977 \cdot 10^{24}}{(6371)^2} \cdot \frac{\text{Nm}^2}{\text{kg}^2} \frac{\text{kg}}{\text{km}^2} \qquad (4.5)$$

$$\approx 9,8 \frac{\text{m}}{\text{s}^2} \; . \qquad (4.6)$$

Auf der Erde kann man also in guter Approximation mit

$$\vec{F} = -\frac{G\, M_{Erde}\, m}{R_{Erde}^2}\, \vec{e}_r = -m\, \vec{g} \qquad (4.7)$$

rechnen.

Aufgabe 4.1: Astronaut auf dem Mond

Gegeben:

$$M_{Mond} = 7 \cdot 10^{22}\,\text{kg} \qquad R_{Mond} = 1799\,\text{km} \qquad G = 7 \cdot 10^{-11} \frac{\text{Nm}^2}{\text{kg}^2}$$

Gesucht: Wieviel stärker ist die Erdbeschleunigung g als die „Mondbeschleunigung" g'?

(1 Punkt)

Lösung zu Aufgabe 4.1: Astronaut auf dem Mond

Aufgabe 4.2: Schaukel auf der Sonne

Gegeben ist die Schwingungsperiode $T = 2\pi\sqrt{L/g}$ eines Pendels der Länge L. Weiterhin sind $L = 1\,\text{m}$, $M_{Sonne} = 2 \cdot 10^{30}\,\text{kg}$, $R_{Sonne} = 700000\,\text{km}$, $g = \frac{GM}{R^2}$ und $G = 7 \cdot 10^{-11}\,\frac{\text{Nm}^2}{\text{kg}^2}$.

Gesucht ist die Schwingungsperiode dieses Pendels auf der Sonne bzw. das Verhältnis der Schwingungsperiode auf der Sonne zu der Schwingungsperiode auf der Erde.

(1 Punkt)

Lösung zu Aufgabe 4.2: Schaukel auf der Sonne

Aufgabe 4.3: Mondbewegung/ Erdmasse

Gegeben: Der Abstand zwischen Mond und Erde beträgt $|\vec{r}| = 400000\,\text{km}$. Die Umlaufzeit des Mondes um die Erde dauert $T = \frac{2\pi}{\omega} = 27\,\text{Tage}$. Näherungsweise nehmen wir $G = 7 \cdot 10^{-11}\,\frac{\text{Nm}^2}{\text{kg}^2}$.

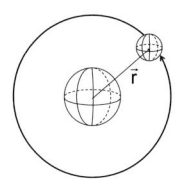

Gesucht: Zeichnen Sie die beim Umlauf wirkenden Kräfte, berechnen Sie die Umlaufzeit $T(r)$ als Funktion des Radius r, berechnen Sie die Masse der Erde aus der Umlaufzeit und dem Abstand.

(3 Punkte)

> **Lösung zu Aufgabe 4.3: Mondbewegung/Erdmasse**

4.2 Messung der Gravitationskonstanten

Mit der sogenannten Gravitationswaage führen wir einen Versuch durch, mit dem wir über die Messung einer Beschleunigung von Massen die Gravitationskonstante bestimmen können.

4.2.1 Versuchsaufbau

Eine Hantel mit zwei kleinen Massen m ist an einem Faden aufgehängt. Kleine Drehungen der Hantel mit diesen Massen können über einen Spiegel mit Hilfe eines Lasers sichtbar gemacht werden.

Auf gleicher Höhe wie die beiden kleinen Massen befinden sich zwei große Massen M, die durch ein geeignetes Lager um dieselbe Drehachse wie die Hantel mit den kleinen Massen gedreht werden können.

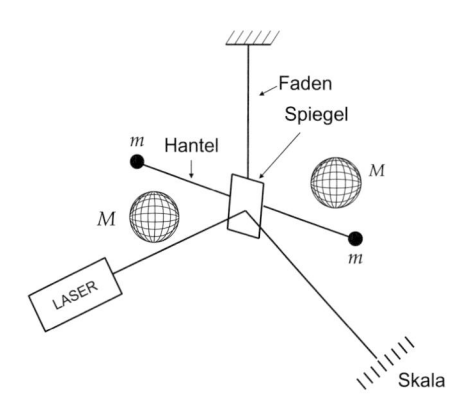

In diesem Versuch wirken die folgenden Drehmomente bezüglich der Drehachse der Hantel:

Drehmoment durch Gravitation: Die Gravitationskraft wirkt jeweils zwischen den beiden Massen m und M, die sich im Abstand r voneinander befinden und die beide den Abstand $\vec{R}$ von der Drehachse haben. Der Einheitsvektor $\vec{e}_r$ zeigt horizontal vom Zentrum der großen Masse zum Zentrum der kleinen Masse. Das gesamte Drehmoment auf die Hantel, das durch die Gravitationskraft zwischen den Kugeln verursacht wird, lautet:

$$\vec{D}_G = 2\vec{R} \times \vec{F}_G \qquad (4.8)$$

$$= -2\vec{R} \times \frac{G\,m\,M}{r^2}\vec{e}_r \qquad (4.9)$$

Drehmoment durch Torsion: Die Torsion (Verdrehung) des Fadens, an dem die Hantel mit den kleinen Massen aufgehängt ist, bewirkt ein rücktreibendes Drehmoment entlang des Fadens. Für kleine Auslenkungen ist es proportional zum Drehwinkel α:

$$\vec{D}_T = -D_F\,\alpha\,\vec{e}_F \qquad (4.10)$$

4.2 Messung der Gravitationskonstanten

Der Einheitsvektor $\vec{e}_F$ zeigt entlang des Fadens nach oben. $D_F = const.$ charakterisiert die Steifigkeit des Fadens.

Eine Änderung dieser Drehmomente verursacht eine Bewegung der Hantel.

4.2.2 Versuchsdurchführung

Zu Beginn des Versuchs befinden sich die beiden großen Massen M auf der Seite der kleinen Massen m, auf der die Hantel sich aufgrund der Gravitation gegen den Uhrzeigersinn dreht. Da die Torsion des Fadens der Drehung entgegenwirkt, bleibt die Hantel stehen, wenn sich die Drehmomente aus Gravitation und Torsion ausgleichen.

Die Drehmomente $\vec{D}_F$ und $\vec{D}_T$ stehen antiparallel und haben im Ruhezustand denselben Betrag $|\vec{D}_F| = |\vec{D}_T|$.

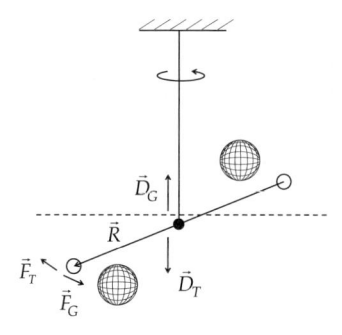

Nach dem Bewegungsgesetz für Drehbewegungen gilt, dass die zeitliche Änderung des Drehimpulses L_H der Hantel aus den äußeren Drehmomenten resultiert:

$$\frac{d\vec{L}_H}{dt} = \sum_{i=1}^{2} \vec{D}_i \qquad (4.11)$$

$$= \underbrace{\vec{D}_T}_{Torsion} + \underbrace{\vec{D}_G}_{Gravitation} \qquad (4.12)$$

In der Ausgangsstellung hat die Hantel den Ruhezustand erreicht, so dass zunächst $\vec{L}_H = 0$ ist.

Bringt man nun die großen Massen M auf die andere Seite der kleinen Massen m in denselben Abstand r,

- entspannt sich der verdrehte Faden: Die Hantel dreht sich im Uhrzeigersinn.
- Das von der Gravitationskraft verursachte Drehmoment auf die Hantel ist dem Betrag nach gleich groß wie zuvor, wirkt aber nun ebenfalls im Uhrzeigersinn.

Im Versuch sind die Bewegungen der Hantel mit den kleinen Massen *m* so klein, dass wir näherungsweise die beiden Drehmomente als konstant annehmen:

Kugelabstand *r* nur wenig verändert $\quad \vec{F}_G = const. \quad \Rightarrow \vec{D}_G = const.$ (4.13)

$\quad\quad$ kleine Rückdrehung $\quad \vec{D}_T = const.$ (4.14)

Das Torsionsdrehmoment kennen wir aus dem Anfangszustand: $\vec{D}_T = -\vec{D}_G$.
Unmittelbar nach dem Positionswechsel der großen Massen ist damit das gesamte auf die Hantel wirkende Drehmoment näherungsweise das Zweifache des von der Gravitation verursachten Drehmoments:

$$\frac{d\vec{L}_H}{dt} = \vec{D}_T - \vec{D}_G \quad (4.15)$$

$$\dot{L}_H \approx -2D_G \quad (4.16)$$

Die entscheidende experimentelle Maßnahme ist also das Umklappen des Drehmomentvektors der Gravitation bei näherungsweise konstanten Drehmomentbeträgen.

Den Drehimpuls der Hantel und seine zeitliche Änderung können wir über den Drehwinkel α ausdrücken:

$$L_H = 2\,m\,R\,v \quad (4.17)$$

$$= 2\,m\,R\,\frac{ds}{dt} \quad (4.18)$$

$$= 2\,m\,R\,\frac{d}{dt}(R\alpha) \quad (4.19)$$

$$= 2\,m\,R^2\,\dot{\alpha} \quad (4.20)$$

$$\dot{L}_H = 2\,m\,R^2\,\ddot{\alpha} \quad (4.21)$$

Durch Einsetzen der beiden Gln. (4.21) und (4.9) in das Bewegungsgesetz (4.16) können wir die Bewegungsgleichungen aufstellen:

$$2\,m\,R^2\,\ddot{\alpha} = -2\left(-2\,R\,\frac{G\,M\,m}{r^2}\right) \quad (4.22)$$

$$\ddot{\alpha} = 2\,\frac{G\,M}{R\,r^2} \quad (4.23)$$

In der Näherung konstanter Beschleunigung $\ddot{\alpha} = const.$ ist diese Differentialgleichung sofort durch zweifache Integration lösbar. Die beiden Anfangsbedingungen sind: Die anfängliche Winkelgeschwindigkeit ist $\dot{\alpha}_\circ = 0$, den Anfangswinkel

4.2 Messung der Gravitationskonstanten

$\alpha_\circ = 0$ werden wir bei der Versuchsdurchführung durch eine entsprechende Eichung einstellen. Die Hantel dreht sich also entsprechend

$$\alpha(t) = \frac{1}{2}\left(2\frac{GM}{Rr^2}\right)t^2 + \underbrace{\dot\alpha_0}_{=0} t + \underbrace{\alpha_0}_{Eichung \to 0} \qquad (4.24)$$

$$= \frac{GM}{Rr^2}\cdot t^2 \quad . \qquad (4.25)$$

Wir haben damit die Ortsfunktion $\alpha(t)$ der Hantel als Funktion der Zeit berechnet. Durch Messung des Winkels, der Zeit, der Massen und Abstände können wir damit die Gravitationskonstante G bestimmen. Der Zeitpunkt, an dem wir die großen Massen auf die andere Seite der kleinen Massen gebracht haben, ist $t = 0$.

Um eine akzeptable Messgenauigkeit zu erreichen, messen wir den Winkel α über die Wegstrecke x, die der vom Spiegel der Hantel reflektierte Laserstrahl auf der Messskala eines weit entfernten Schirms zurücklegt.

Den Zusammenhang zwischen dem Winkel α und der Wegstrecke x können wir Hilfe mit der folgenden Zeichnung erarbeiten:

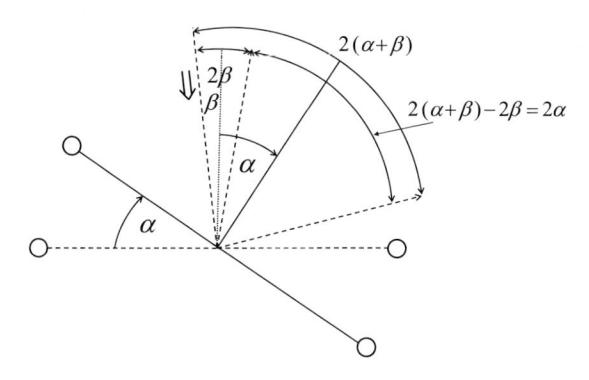

Die Richtung des einfallenden Laserstrahls ist durch den von oben kommenden Doppelpfeil zu sehen. Im Anfangszustand der Hantel wird er vom Spiegel unter dem Winkel 2β reflektiert (der Einfallswinkel β zur Spiegelflächen-Normalen entspricht dem Reflexionswinkel β).

Nach der Drehung der Hantel um den Winkel α wird der Laserstrahl in die Richtung des nach rechts zeigenden gestrichelten Pfeils reflektiert. Der Laserstrahl erfährt hier eine Winkeländerung von 2α.

Auf der Skala des weit entfernt stehenden Schirms können wir die Wegdifferenz x ablesen. Bei großer Entfernung L zwischen Spiegel und Schirm ist

$$x/L = \tan(2\alpha) \approx 2\alpha \quad . \qquad (4.26)$$

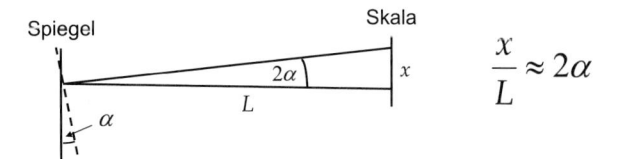

Setzen wir $\alpha = \frac{x}{2L}$ in (4.25) ein, folgt

$$\frac{x}{2L} = \frac{GM}{Rr^2} t^2 \qquad (4.27)$$

$$x = \frac{2GML}{Rr^2} t^2 \;. \qquad (4.28)$$

Für die Auswertung des Versuchs tragen wir die Wertepaare (x, t^2) auf und können damit über die Steigung der Geraden die Gravitationskonstante bestimmen:

$$G = \frac{Rr^2}{2ML} \frac{\Delta x}{\Delta t^2} \qquad (4.29)$$

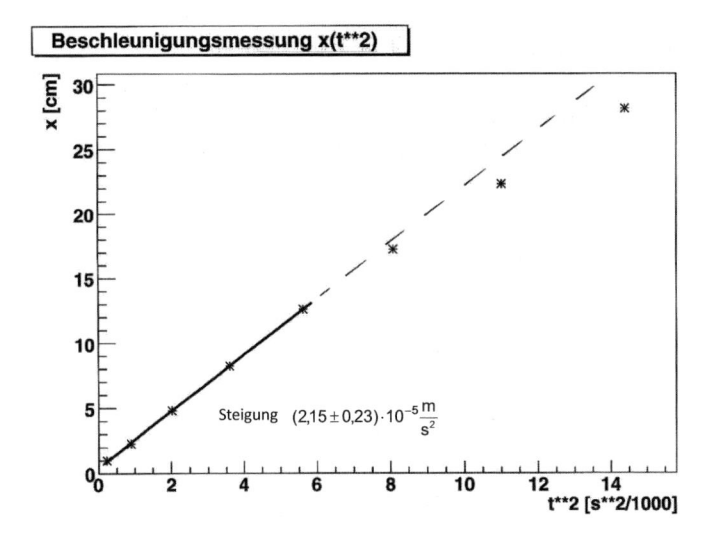

Die Näherung einer konstanten Winkelbeschleunigung der Hantel funktioniert anfangs gut. In diesem Messbereich ist die Steigung:

$$\frac{\Delta x}{\Delta t^2} = \frac{2GML}{Rr^2} = 2{,}15 \cdot 10^{-5} \, \frac{\text{m}}{\text{s}^2}$$

4.3 Gravitationspotential

Mit den Werten

$$R = 5\,\text{cm} \qquad r = 4\,\text{cm} \qquad L = 13,15\,\text{m}$$
$$M = 1,5\,\text{kg} \qquad m = 0,015\,\text{kg}$$

ergibt sich durch Einsetzen in (4.29)

$$G_{\text{Messung}} = 4,4 \cdot 10^{-11} \frac{\text{Nm}^2}{\text{kg}^2}\;.$$

Selbst mit diesem vergleichsweise geringen experimentellen Aufwand können wir die Größenordnung dieses fundamentalen Parameters der Physik korrekt bestimmen. Zum Vergleich: Genaue Messungen ergeben für die Gravitationskonstante den Wert $G = 6,67428 \cdot 10^{-11} \frac{\text{Nm}^2}{\text{kg}^2}$ (4.3).

4.3 Gravitationspotential

4.3.1 Potentielle Energie

Die Änderung der potentiellen Energie eines Körpers der Masse m, der im Einflussbereich der Gravitation eines zweiten Körpers der Masse M ist, können wir mit Hilfe der Arbeit berechnen, die wir zum Verschieben von m leisten müssen.

Nach unserer Vorzeichenkonvention wird die am Probekörper (System) geleistete Arbeit negativ gezählt. Wir bringen den Probekörper der Masse m von r_1 nach $r_2 > r_1$:

$$W = -\int_{r_1}^{r_2} \vec{F}\, d\vec{r} \tag{4.30}$$

$$= -\int_{r_1}^{r_2} \frac{-GMm}{r^2} \vec{e}_r\, d\vec{r} \tag{4.31}$$

$$= GMm \int_{r_1}^{r_2} \frac{dr}{r^2} \tag{4.32}$$

$$= GMm \left.\frac{-1}{r}\right|_{r_1}^{r_2} \tag{4.33}$$

$$= GMm \left(\frac{1}{r_1} - \frac{1}{r_2}\right) > 0 \tag{4.34}$$

Mit unserer geleisteten Arbeit gewinnt der Körper potentielle Energie. Sie entspricht der nach unserer Vorzeichenkonvention positiv gezählten Arbeit, die der Körper bei der Rückkehr von r_2 nach r_1 leistet:

$$\Delta E_{pot} = E_{pot}(r_2) - E_{pot}(r_1) \tag{4.35}$$
$$= W' \tag{4.36}$$
$$= \int_{r_2}^{r_1} \vec{F}\, d\vec{r} \tag{4.37}$$
$$= \int_{r_2}^{r_1} \frac{-G\,M\,m}{r^2}\, dr \tag{4.38}$$
$$= G\,M\,m \left(\frac{1}{r_1} - \frac{1}{r_2} \right) \tag{4.39}$$

> **Beispiel: Potentielle Energie der Raumstation ISS**
>
> Die internationale Raumstation ISS umkreist die Erde mit dem Radius $R_{Erde} = 6370\,\text{km}$ in einer Höhe von $h = 350\,\text{km}$. Ihre potentielle Energie ist mit (4.4):
>
> $$\Delta E_{pot} = E_{pot}(R_{ISS}) - E_{pot}(R_{Erde})$$
> $$= m\,G\,M \left(\frac{1}{R_{Erde}} - \frac{1}{R_{ISS}} \right)$$
> $$= m\,G\,M \left(\frac{1}{R_{Erde}} - \frac{1}{R_{Erde} + h} \right)$$
> $$= m\,G\,M \left(\frac{(R_{Erde} + h) - R_{Erde}}{(R_{Erde} + h) \cdot R_{Erde}} \right)$$
> $$\approx m\, \underbrace{\frac{G\,M}{R_{Erde}^2}}_{=g}\, h$$
> $$= m \cdot g \cdot h$$

Potentielle Energie ist nur im Bezug auf einen Referenzwert oder, wie im Beispiel der Raumstation ISS, als Differenz zweier potentieller Energien definiert.

Eine übliche Konvention ist, als Referenzwert die potentielle Energie bei $r = \infty$ auf $E_{pot}(\infty) = 0$ zu setzen. Wenn wir den Probekörper der Masse m von $r_1 = r$ nach $r_2 = \infty$ bringen, leisten wir nach Gl. (4.34) die Arbeit

$$W = G\,M\,m \left(\frac{1}{r} - \frac{1}{\infty} \right) \tag{4.40}$$
$$= \frac{G\,M\,m}{r}\,. \tag{4.41}$$

4.3 Gravitationspotential

Gleichzeitig erhöhen wir die potentielle Energie des Körpers von

$$E_{pot}(r) = -\frac{GM}{r}m \qquad (4.42)$$

auf den der Konvention entsprechenden Wert von

$$E_{pot}(\infty) = 0 \ . \qquad (4.43)$$

Als Differenz der potentiellen Energien ergibt sich konsistent der positive Wert

$$\Delta E_{pot} = E_{pot}(\infty) - E_{pot}(r) \qquad (4.44)$$
$$= \frac{GM}{r}m \ . \qquad (4.45)$$

4.3.2 Potential

Man nennt den ersten Term der rechten Seite der Gl. (4.42) das Gravitationspotential $V(r)$ des Körpers mit der Masse M:

$$\boxed{V(r) = -\frac{GM}{r}} \qquad (4.46)$$

Da V nur vom Abstand r abhängt, handelt es sich beim Gravitationspotential um ein sogenanntes Zentralpotential.

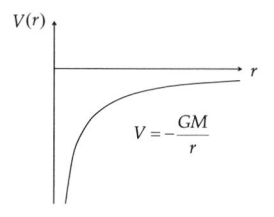

4.3.3 Zusammenhang zwischen Kraft und Potential

Die **Gravitationskraft** und das **Gravitationspotential** beschreiben Aspekte desselben physikalischen Phänomens:

$$\vec{F}(r) = -\frac{GMm}{r^2}\vec{e}_r \qquad (4.47)$$

$$V(r) = -\frac{GM}{r} \qquad (4.48)$$

Kraft und Potential hängen über den Gradienten (Richtungsableitung) miteinander zusammen. In Kugelkoordinaten gilt nach Gl. (3.55):

$$\text{grad} = \vec{e}_r \frac{\partial}{\partial r} + \vec{e}_\theta \frac{1}{r} \frac{\partial}{\partial \theta} + \vec{e}_\varphi \frac{1}{r \sin \theta} \frac{\partial}{\partial \varphi} \tag{4.49}$$

Die Ableitung der radialen Komponente des Potentials ist

$$\frac{\partial V}{\partial r} = \frac{\partial}{\partial r} \left(-\frac{GM}{r} \right) \tag{4.50}$$

$$= \frac{GM}{r^2} \,. \tag{4.51}$$

Die Winkelableitungen sind beide Null:

$$\frac{\partial V}{\partial \varphi} = \frac{\partial V}{\partial \theta} = 0 \tag{4.52}$$

Durch Vergleich von (4.51) mit (4.47) können wir die Gravitationskraft und das Gravitationspotential in Beziehung bringen. Der Gradient des Gravitationspotentials entspricht der Kraft auf eine Einheitsmasse:

$$\boxed{\frac{\vec{F}}{m} = -\text{grad}\, V} \tag{4.53}$$

4.3.4 Äquipotentialflächen

Da die Gravitationskraft konservativ ist, spielt für die geleistete Arbeit der exakte Weg, auf dem wir den Körper auf eine größere Distanz bringen, keine Rolle.

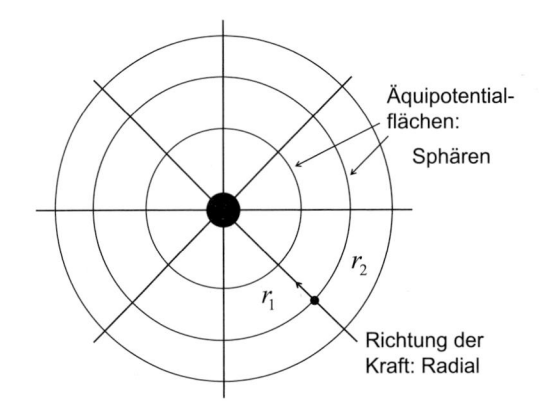

Auch für den Betrag des Potentials ist die genaue Position des Körpers mit der Masse m auf den Kugelschalen (Sphären) mit den Abständen r_1 oder r_2 von der Masse M unerheblich. Diese Sphären nennt man deswegen **Äquipotentialflächen**.

4.4 Energie eines Himmelskörpers

Um die Bewegung von Planeten und Kometen im Sonnensystem zu verstehen, untersuchen wir zunächst allgemein die Energie eines Körpers in einem Gravitationspotential. Seine Gesamtenergie setzt sich aus potentieller und kinetischer Energie zusammen:

$$E = E_{pot} + E_{kin} \tag{4.54}$$

4.4.1 Potentielle Energie

Die potentielle Energie des Körpers ergibt sich aus dem Produkt seiner Masse m und dem Gravitationspotential V (4.46), siehe auch (4.42):

$$E_{pot} = m\, V \tag{4.55}$$
$$= -\frac{G\, M\, m}{r} \tag{4.56}$$

4.4.2 Kinetische Energie

Die kinetische Energie des Körpers mit Masse m und Geschwindigkeit v ist

$$E_{kin} = \frac{1}{2} m v^2 \ . \tag{4.57}$$

Der Körper (z.B. die Erde) soll nur der Gravitation (z.B. der Sonne), sonst aber keinem äußeren Einfluss (externe Drehmomente $\vec{D}_i = 0$) ausgesetzt sein. Damit ist sein Drehimpuls $\vec{L}$ innerhalb des Gesamtsystems von Sonne und Erde erhalten ($\frac{d\vec{L}}{dt} = \sum_{i=1}^{n} \vec{D}_i = 0$):

$$\vec{L} = \vec{r} \times \vec{p} = const. \tag{4.58}$$

Der Drehimpuls des Körpers steht senkrecht zur Bewegungsebene, deswegen findet die Bewegung des Körpers in der Ebene senkrecht zu $\vec{L}$ statt.

Da es sich bei dem Gravitationspotential um ein Zentralpotential handelt, bietet sich die Verwendung von Zylinderkoordinaten (r, φ, z') an. Die Drehimpulsrichtung soll entlang der z'-Achse liegen. Die Geschwindigkeit v lesen wir aus Gl. (3.24) mit $z' = 0$ ab:

$$\vec{v} = \dot{r}\, \vec{e}_r + r\, \dot{\varphi}\, \vec{e}_\varphi \tag{4.59}$$

Die kinetische Energie wird dementsprechend in zwei Terme aufgeteilt:

$$E_{kin} = \underbrace{\frac{1}{2} m \dot{r}^2}_{\text{radiale Komponente}} + \underbrace{\frac{1}{2} m r^2 \dot{\varphi}^2}_{\text{Drehbewegung}} \qquad (4.60)$$

Der erste Term beschreibt die kinetische Energie in Richtung der radialen Komponente r, der zweite Term zeigt die Bewegungsenergie in der Rotation um den Winkel φ (Rotationsenergie).

Der konstante Drehimpuls des Körpers entspricht in Zylinderkoordinaten unter Verwendung von Gl. (4.59)

$$\vec{L} = \vec{r} \times m\vec{v} \qquad (4.61)$$

$$= m \, (\dot{r} \underbrace{\vec{r} \times \vec{e}_r}_{=0} + r \dot{\varphi} \underbrace{\vec{r} \times \vec{e}_\varphi}_{\vec{r} \times \vec{e}_\varphi = r \, \vec{e}_{z'}}) \qquad (4.62)$$

$$= m \, r^2 \, \dot{\varphi} \, \vec{e}_{z'} \; . \qquad (4.63)$$

Damit können wir die Rotationsenergie durch Einsetzen von

$$\dot{\varphi} = \frac{L}{m \, r^2} \qquad (4.64)$$

durch die Radialkomponente r ausdrücken:

$$E_{rot} = \frac{1}{2} m \, r^2 \, \dot{\varphi}^2 \qquad (4.65)$$

$$= \frac{1}{2} m \, r^2 \, \frac{L^2}{m^2 \, r^4} \qquad (4.66)$$

$$= \frac{L^2}{2 \, m \, r^2} \qquad (4.67)$$

Mit dem Argument der Drehimpulserhaltung $\vec{L} = const.$ ist es uns gelungen, die Bewegungsenergie (4.60) des Körpers auf eine Variable – die Radialkomponente r und ihre zeitliche Ableitung $\dot{r}$ – zu reduzieren:

$$E_{kin} = \frac{1}{2} m \, \dot{r}^2 + \frac{L^2}{2 \, m \, r^2} \qquad (4.68)$$

4.4.3 Gesamtenergie

Als Gesamtenergie des Körpers ergibt sich mit den Gl. (4.68) und (4.56):

$$E = E_{kin} + E_{pot} \qquad (4.69)$$

$$= \underbrace{\frac{1}{2}m\dot{r}^2}_{\text{radiale kinetische Energie}} + \underbrace{\left[\frac{L^2}{2m^2r^2} - \frac{GM}{r}\right]}_{\text{effektives Potential } V_{eff}} m \quad (4.70)$$

$$= const. \quad (4.71)$$

Ohne äußeren Einfluss auf das System ist diese Gesamtenergie erhalten.

Die Gesamtenergie setzt sich aus zwei Termen zusammen: Der erste Term ist die Bewegungsenergie in radialer Richtung. Der zweite Term ist nur vom radialen Abstand r des Körpers abhängig und kann deswegen als „effektives Potential" V_{eff} bezeichnet werden.

4.5 Bahnkurven von Himmelskörpern

Unser Ziel ist, die Bahnkurven von Himmelskörpern zu berechnen. Dafür werden wir zunächst die radiale Bewegung ohne die Rotationsbewegung untersuchen. Anschließend werden wir Kandidaten für Bahnkurven kennenlernen (Kegelschnitte) und schließlich die vollständigen Bahnkurven $r(\varphi)$ in Polarkoordinaten für Planeten und Kometen berechnen.

4.5.1 Radiale Bewegung im Zentralpotential

Um die prinzipiellen Bewegungsmöglichkeiten eines Körpers mit der Gesamtenergie E im effektiven Potential V_{eff} zu verstehen, betrachten wir einen Probekörper mit der Masse $m = 1$ kg.

Das effektive Potential V_{eff} ist aus dem Rotationsterm $\sim +\frac{1}{r^2}$ und dem Gravitationsterm $\sim -\frac{1}{r}$ zusammengesetzt. Das Potential zeigt daher ein Minimum bei $E < 0$.

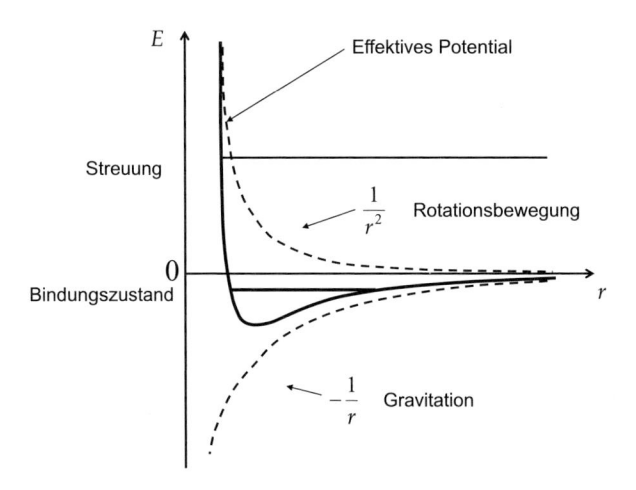

Da seine Gesamtenergie erhalten ist, kann sich der Körper bei gegebenem Wert $E = const.$ nur auf einer horizontalen Linie bewegen.

Körper mit einer Gesamtenergie $E < 0$ oszillieren zwischen einer minimalen und einer maximalen Entfernung $[r_{min}, r_{max}]$ vom Zentrum des Gravitationspotentials. Sie befinden sich in einem Bindungszustand (z.B. Planeten im Sonnensystem).

Körper mit $E \geq 0$ kommen aus dem Unendlichen ($r = \infty$), nähern sich bis zu einer minimalen Entfernung r_{min} und verschwinden wieder im Unendlichen. Diese Prozesse heißen Streuprozesse.

Damit haben wir die Radialbewegung des Körpers im Einfluss der Gravitation qualitativ beschrieben. In den folgenden Kapiteln werden wir die vollständige Lösung für die Bahnkurven erarbeiten.

4.5.2 Kegelschnitte

Auf Grund der Drehimpulserhaltung bewegen sich die Körper im Gravitationspotential in einer Ebene. Aus der Gesamtenergie und der Radialbewegung der Körper haben wir auf die Existenz von Bindungszuständen und Streuprozessen geschlossen.

Mathematischer Einschub: Kegelschnitte

Lösungsmöglichkeiten für Bahnkurven der Himmelskörper sind Kurven zweiter Ordnung, die im Allgemeinen durch

$$\lambda_1 x^2 + \lambda_2 y^2 + \lambda_3 z^2 = 0 \qquad (4.72)$$

parametrisiert werden. Diese Kurven kann man als Kegelschnitte verstehen.

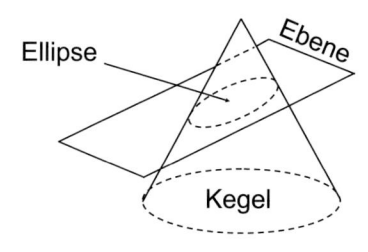

Wir erleichtern uns das Verständnis beim Berechnen der Bahnkurven für Planeten, wenn wir diese Kurvenformen bereits kennengelernt haben.

4.5 Bahnkurven von Himmelskörpern

Mathematischer Einschub: Ellipse

Eine Ellipse besitzt zwei Brennpunkte F_1 und F_2. Die Summe der Abstände
$\overline{F_1 x} + \overline{x F_2}$
ist für alle Punkte auf der Ellipse gleich groß.

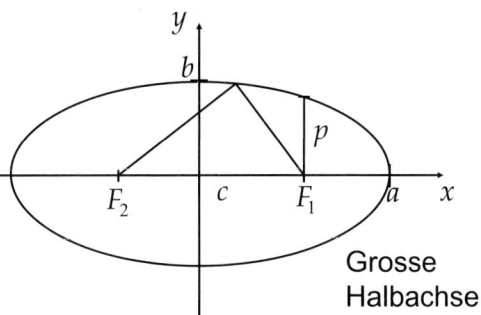

Grosse Halbachse

Die Darstellung einer Ellipse in Normalform lautet

$$\frac{x^2}{a^2} + \frac{y^2}{b^2} = 1 \ , \tag{4.73}$$

wobei a und b die Halbachsen sind.
In Polarkoordinaten folgt eine Ellipse folgender Parametrisierung:

$$r = \frac{p}{1 + \epsilon \cos \varphi} \tag{4.74}$$

Man nennt ϵ die Exzentrizität und p den Halbparameter.

Für die Umrechnung von der Normalform auf die Parametrisierung in Polarkoordinaten gilt:

$$\epsilon = \frac{c}{a} = \frac{\sqrt{a^2 - b^2}}{a} = \sqrt{1 - \frac{b^2}{a^2}} < 1 \tag{4.75}$$

$$p = \frac{b^2}{a} = a\left(1 - \epsilon^2\right) \tag{4.76}$$

Beispiel: Ellipse

Für eine Ellipse mit $a = 2$, $\epsilon = 0,7$ ergibt sich:

$$a\left(1 - \epsilon^2\right) \approx 1 \tag{4.77}$$

Der Radius ist also

$$r = \frac{1}{1 + 0,7 \cos \varphi} \ . \tag{4.78}$$

Strategische Werte zum Zeichnen der Ellipse sind:

φ	0°	90°	135°	180°
$\cos\varphi$	1	0	$-\tfrac{1}{2}\sqrt{2}$	-1
r	$\tfrac{1}{1+0{,}7} \approx 0{,}6$	1	$\tfrac{1}{1-0{,}7^2} \approx 2$	$\tfrac{1}{1-0{,}7} \approx 3{,}3$

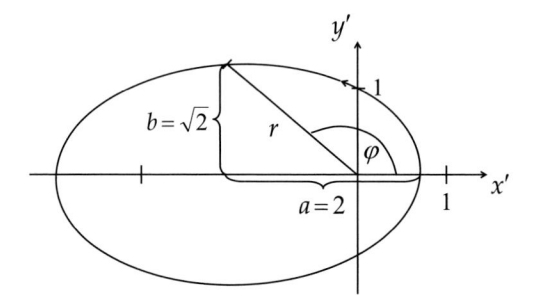

Mathematischer Einschub: **Kreis**

Der Kreis ist ein Sonderfall der Ellipse. In der Normalform wird er dargestellt durch

$$x^2 + y^2 = a^2 \ . \tag{4.79}$$

Die beiden Brennpunkte der Ellipse liegen beim Kreis aufeinander. Für die Parameter gilt Folgendes:
Die Exzentrizität ist

$$\epsilon = 0 \ . \tag{4.80}$$

Die Parameter p und a sind gleich groß:

$$p = \frac{b^2}{a} = \frac{a^2}{a} = a = b \tag{4.81}$$

Die Darstellung in Polarkoordinaten lautet für alle Werte von φ:

$$r = \frac{p}{1+\epsilon} = a \tag{4.82}$$

4.5 Bahnkurven von Himmelskörpern

Mathematischer Einschub: **Hyperbel**

Alle Punkte x einer Hyperbel haben gemeinsam, dass die Differenz der Abstände von den zwei Brennpunkten konstant ist: $\overline{F_1\,x} - \overline{x\,F_2} = const.$

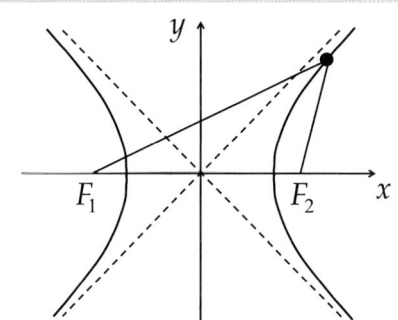

Ihre Darstellung ist in der Normalform

$$\frac{x^2}{a^2} - \frac{y^2}{b^2} = 1 \ , \qquad (4.83)$$

oder in Polarkoordinaten

$$r = \frac{p}{1 + \epsilon \cos\varphi} \qquad (4.84)$$

mit

$$\epsilon > 1 \ . \qquad (4.85)$$

Mathematischer Einschub: **Parabel**

Alle Punkte x einer Parabel haben gemeinsam, dass für sie die Summe der Abstände zum Punkt F und zur Leitlinie konstant ist: $\overline{F_1\,x} + \overline{x\,\text{Leitlinie}} = const.$

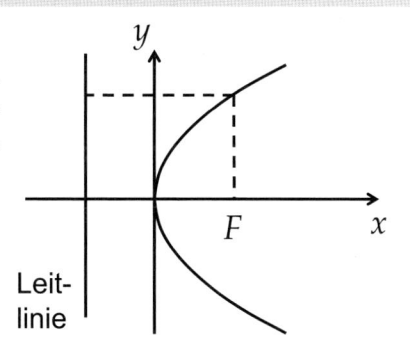

Dargestellt wird die Parabel in der Normalform durch

$$y^2 = 2px \ , \qquad (4.86)$$

und in Polarkoordinaten durch

$$r = \frac{p}{1 + \epsilon \cos \varphi} = \frac{p}{1 + \cos \varphi} \qquad (4.87)$$

mit

$$\epsilon = 1 \; . \qquad (4.88)$$

4.5.3 Berechnung der Bahnkurven

Die Bahnkurven von Planeten und anderen Himmelskörpern im Gravitationseinfluss der Sonne können wir auf der Basis der Energieerhaltung $E = const.$ und der Drehimpulserhaltung $\vec{L} = const.$ berechnen.

Unser Ziel ist die Berechnung der Bahnkurven in Polarkoordinaten $r(\varphi)$.

Die konstante Gesamtenergie ist nach (4.70):

$$E = E_{kin} + E_{rot}(r) + E_{pot}(r) \qquad (4.89)$$

$$= \frac{1}{2} m \dot{r}^2 + \frac{L^2}{2 m r^2} - \frac{G M m}{r} \qquad (4.90)$$

Berechnen wir nun zunächst $\varphi(r)$. Die Ableitung können wir formal schreiben als:

$$\frac{d\varphi}{dr} = \frac{d\varphi}{dt} \frac{dt}{dr} \qquad (4.91)$$

Die zeitliche Ableitung dr/dt können wir aus der Energiebilanz (4.90) extrahieren:

$$\frac{dr}{dt} = \sqrt{\frac{2}{m} \left(E - E_{rot}(r) - E_{pot}(r) \right)} \qquad (4.92)$$

Die zeitliche Ableitung $d\varphi/dt$ können wir der Drehimpuls-Gleichung (4.64) entnehmen:

$$\frac{d\varphi}{dt} = \frac{L}{m r^2} \qquad (4.93)$$

4.5 Bahnkurven von Himmelskörpern

Damit erhalten wir:

$$\frac{d\varphi}{dr} = \frac{L}{mr^2}\left(\frac{2}{m}\left(E - E_{rot} - E_{pot}\right)\right)^{-\frac{1}{2}} \tag{4.94}$$

$$\int_{\varphi_\circ}^{\varphi} d\varphi = \int_{r_\circ}^{r} dr \frac{L}{mr^2}\left[\frac{2}{m}\left(E - E_{pot} - E_{rot}\right)\right]^{-\frac{1}{2}} \tag{4.95}$$

$$\varphi(r) = \int_{r_\circ}^{r} dr \frac{L}{mr^2}\left[\frac{2}{m}\left(E - E_{pot} - E_{rot}\right)\right]^{-\frac{1}{2}} - \varphi_\circ \tag{4.96}$$

Das hier auftretende Integral ist für potentielle Energien mit $E_{pot} \propto r^{-1}$ durch „Elliptische Integrale" analytisch lösbar. Das Resultat geben wir hier an:

$$\varphi(r) = \arccos\left(\frac{\frac{L^2}{r} - GMm^2}{\sqrt{(GMm^2)^2 + 2mL^2E}}\right) - \varphi_\circ \tag{4.97}$$

Testen wir die Ableitung $d\varphi/dr$, so erhalten wir wieder Gl. (4.96). Als Anfangswinkel wählen wir $\varphi_\circ = 0$.

Um die Bahnkurve $r(\varphi)$ zu erhalten, formen wir Gl. (4.97) um, damit wir die Parameter der Bahnkurve ablesen können:

$$\cos(\varphi)\sqrt{(GMm^2)^2 + 2mL^2E} = \frac{L^2}{r} - GMm^2 \tag{4.98}$$

$$r(\varphi) = \frac{L^2}{GMm^2 + \sqrt{(GMm^2)^2 + 2mL^2E}\,\cos(\varphi)} \tag{4.99}$$

$$= \frac{\overbrace{\dfrac{L^2}{GMm^2}}^{\equiv a(1-\epsilon^2)}}{1 + \underbrace{\sqrt{1 + \dfrac{2mL^2}{(GMm^2)^2}E}}_{\equiv \epsilon}\cdot \cos(\varphi)} \tag{4.100}$$

$$= \frac{a(1-\epsilon^2)}{1 + \epsilon\cos\varphi} \tag{4.101}$$

Offensichtlich haben wir als Lösung Bahnkurven vom Typ der Kegelschnitte erhalten. Für die Identifizierung der jeweiligen Bahnkurven sind die Vorzeichen entscheidend. Für ϵ ist:

$$\epsilon = \sqrt{1 + \underbrace{\frac{2\,m\,L^2}{(G\,M\,m^2)^2}}_{\equiv k > 0} E} \qquad (4.102)$$

$$= \sqrt{1 + k\,E} \qquad (4.103)$$

Den Parameter a können wir aus (4.100) entsprechend berechnen:

$$a\left(1 - \epsilon^2\right) = \frac{L^2}{G\,M\,m^2} \qquad (4.104)$$

$$a = \frac{\frac{L^2}{G\,M\,m^2}}{1 - \left(1 + \frac{2\,m\,L^2}{(G\,M\,m^2)^2} E\right)} \qquad (4.105)$$

$$= -\underbrace{\frac{G\,M\,m}{2}}_{\equiv \lambda > 0} \frac{1}{E} \qquad (4.106)$$

$$= -\frac{\lambda}{E} \qquad (4.107)$$

Zusammengefasst ergibt sich für die Bahnkurve

$$r(\varphi) = \frac{a\left(1 - \epsilon^2\right)}{1 + \epsilon\,\cos\varphi} \qquad (4.108)$$

mit

$$a = -\frac{\lambda}{E} \quad \text{und} \quad \epsilon = \sqrt{1 + k\,E}\,, \qquad \text{wobei } k, \lambda > 0 \text{ ist.} \qquad (4.109)$$

Die Gesamtenergie E des Körpers bestimmt also die Form der Bahnkurve.

4.5.4 Bindungszustände und Streuprozesse

4.5.4.1 Bindungszustand Ellipse

Für den Fall, dass die Gesamtenergie $E < 0$ ist, ergibt sich aus (4.109)

$$a = -\frac{\lambda}{E} > 0 \quad \text{und} \quad \epsilon = \sqrt{1 + k\,E} < 1\,. \qquad (4.110)$$

Aus der Bedingung (4.75) lesen wir ab, dass die Bahn eine Ellipse ist. Der Halbparameter ist konsistent $p = a(1 - \epsilon^2) > 0$.

4.5.4.2 Streuprozess Hyperbel

Für eine positive Gesamtenergie $E > 0$ ist

$$a = -\frac{\lambda}{E} < 0 \quad \text{und} \quad \epsilon = \sqrt{1 + kE} > 1 \; . \tag{4.111}$$

Der Halbparameter ist konsistent $p = a(1-\epsilon^2) > 0$. Die Bahnkurve ist nach der Bedingung (4.85) eine Hyperbel: Der Körper kommt aus dem Unendlichen, wird im Gravitationspotential gestreut und verschwindet wieder im Unendlichen.

4.5.4.3 Streuprozess Parabel

Für den Fall, dass die Gesamtenergie $E = 0$ ist, müssen wir weiter vorne in der Berechnung ansetzen. Setzen wir $E = 0$ in (4.100) ein, so erhalten wir:

$$r = \frac{\frac{L^2}{GMm^2}}{1 + \cos\varphi} \tag{4.112}$$

Im Vergleich mit der Bedingung (4.87) ist die Bahnkurve eine Parabel. Auch hier handelt es sich um einen Streuprozess: Der Körper kommt aus dem Unendlichen, wird im Gravitationspotential gestreut und verschwindet wieder im Unendlichen.

4.5.4.4 Bindungszustand Kreis

Einen Sonderfall bildet die Bahnkurve mit der Energie, die dem Minimum des effektiven Potentials entspricht. Hier ist $r = const.$, d.h. die Bahnkurve ist ein Kreis.

Den Kreisradius r können wir aus der Gesamtenergie (4.90) berechnen. Der kinetische Energieterm ist $E_{kin} = \frac{1}{2}m\dot{r}^2 = 0$, und es verbleiben die Terme

$$E = E_{rot} + E_{pot} \tag{4.113}$$

$$= \frac{L^2}{2mr^2} - \frac{GMm}{r} \; . \tag{4.114}$$

Das Minimum der Kurve berechnen wir aus der Ableitung

$$\frac{dE}{dr} = \frac{d}{dr}\left[\frac{L^2}{2mr^2} - \frac{GMm}{r}\right] \tag{4.115}$$

$$= \frac{-2L^2}{2m}\frac{1}{r^3} + GMm\frac{1}{r^2} = 0 \; . \tag{4.116}$$

Der Radius des Kreises ist

$$r(E_{min}) = \frac{L^2}{G M m^2} \quad . \tag{4.117}$$

Die Gesamtenergie im Minimum ist

$$E_{min} = -\frac{G^2 M^2 m^3}{2L^2} \quad . \tag{4.118}$$

Im folgenden Bild sind die verschiedenen Bahnkurven zusammengefasst:

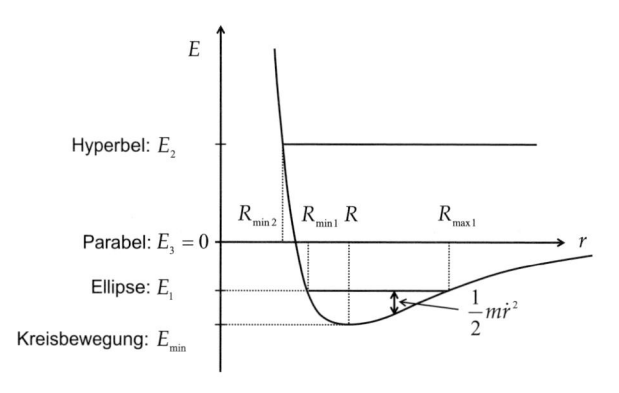

Beispiel: **Planetenbahnen**

Interessant ist, dass für die meisten Ellipsenbahnen der Planeten unseres Sonnensystems der Parameter $\epsilon \approx 0$ ist.

Damit sind die Planetenbahnen annähernd kreisförmig:

Planet	ϵ
Merkur	0,21
Venus	0,01
Erde	0,02
Mars	0,09
Jupiter	0,05
Saturn	0,06
Uranus	0,05
Neptun	0,01

Große Werte für die Exzentrizität findet man bei manchen Kometenbahnen:

Komet	ϵ
Halley	0,97
Encke	0,85

4.6 Historischer Bezug

4.6.1 Meilensteine

Nikolaus Kopernikus (1473–1545) behauptete, die Sonne sei das Zentrum für die Planetenbewegung.
Tycho Brahe (1546–1601) führte eine genaue Vermessung der Planetenbewegungen durch.
Galileo Galilei (1564–1642) entdeckte Mondkrater und die Jupitermonde mit seinem Teleskop.
Johannes Kepler (1571–1630) Assistent Brahes, stellte die Kepler-Gesetze auf.
Isaac Newton (1642–1727) formulierte das Gravitationsgesetz.

4.6.2 Kepler-Gesetze

1. **Kepler-Gesetz:** Die Planeten bewegen sich auf Ellipsen, in deren Brennpunkt die Sonne steht.

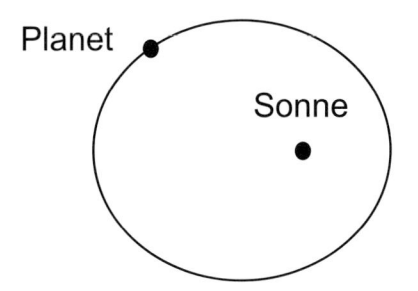

Diese Beobachtung haben wir mit den Konzepten der Energie- und Drehimpulserhaltung zusammen mit dem Gravitationspotential von Newton erklärt.

2. **Kepler-Gesetz:** Der Radiusvektor (auch Fahrstrahl genannt) von der Sonne zu einem Planeten überstreicht in gleichen Zeiten gleiche Flächen:

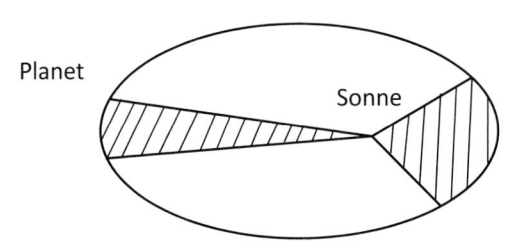

Dieses Flächengesetz entspricht der Drehimpulserhaltung. Bewegt sich ein Planet auf der Bahnkurve s,

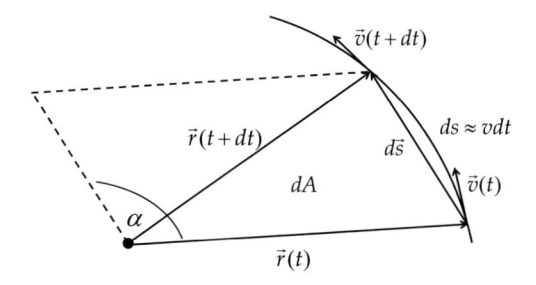

dann gilt für die Fläche:

$$dA = \frac{1}{2} |\vec{r} \times d\vec{s}| \qquad (4.119)$$

$$= \frac{1}{2} |\vec{r} \times \vec{v}| \, dt \qquad (4.120)$$

$$= \frac{L}{2m} \, dt \qquad (4.121)$$

$$\Rightarrow \frac{dA}{dt} = const. \qquad (4.122)$$

3. **Kepler-Gesetz:** Die Quadrate der Umlaufzeiten T_i der Planeten verhalten sich wie die dritte Potenz ihrer großen Halbachsen a_i:

$$\frac{T_i^2}{a_i^3} = const. \qquad (4.123)$$

Dieses Gesetz lässt sich für den Spezialfall der Kreisbewegung aus Newtons Gravitationskraft und der Zentripetalkraft der Kreisbewegung herleiten, wie wir aus der Aufgabe „Mondbewegung/Erdmasse" im Abschn. 4.1 sehen können.

Kapitel 5
Transformation zwischen Bezugssystemen

Physikalische Gesetze sollen unabhängig davon gelten, wo wir die entsprechenden Experimente dazu durchführen. Wir werden zunächst die Bedingungen für geeignete Bezugssysteme festlegen (Inertialsystem) und die Galilei-Transformationen zwischen solchen Koordinatensystemen kennenlernen.

Anschließend werden wir Verfahren kennenlernen, mit denen wir auch in suboptimalen Bezugssystemen konsistent physikalische Gesetzmäßigkeiten messen können. Dabei werden wir sogenannte Scheinkräfte wie z.B. die Zentrifugalkraft und die Corioliskraft kennenlernen.

In einem weiteren Schritte werden wir Transformationen zwischen den Koordinatensystemen sehr schnell bewegter Bezugssysteme durchführen (Lorentz-Transformation).

5.1 Inertialsystem

Ein Inertialsystem ist ein Bezugssystem, das keine Beschleunigung erfährt. In jedem Inertialsystem finden wir dieselben physikalischen Gesetze.

Durch ihre Rotation ist die Erde als unser natürliches Bezugssystem kein Inertialsystem. Für viele unserer Experimente ist die Beschleunigung durch die Erdrotation unerheblich und die Ergebnisse sind so gut wie in einem Inertialsystem. Mit dem Experiment des Foucault-Pendels werden wir allerdings den Beweis nachvollziehen, dass die Erde kein Inertialsystem ist.

Bessere Näherungen für Inertialsysteme sind unser Sonnensystem oder unsere Milchstraße.

5.2 Galilei-Transformation

Die Bewegung eines Massenpunkts können wir durch die Ortsfunktion $\vec{r}(t)$ in einem Inertialsystem O beschreiben.

In einem Inertialsystem O', das sich mit der Geschwindigkeit $\vec{u} = const.$ relativ zu O bewegt, wird die Bewegung des Massenpunkts durch $\vec{r}'(t)$ beschrieben.

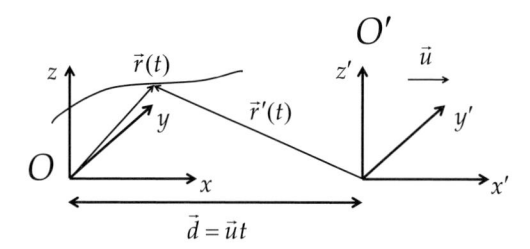

5 Transformation zwischen Bezugssystemen

Um zwischen den Bezugssystemen hin und her zu transformieren, müssen wir die relative Geschwindigkeit $\vec{u}$ zwischen den beiden Systemen berücksichtigen:

$$\boxed{\begin{aligned} \vec{r}\,' &= \vec{r} - \vec{u} \cdot t \\ \vec{v}\,' &= \vec{v} - \vec{u} \\ \vec{a}\,' &= \vec{a} \\ t' &= t \end{aligned}} \qquad (5.1)$$

$$\boxed{\begin{aligned} \vec{r} &= \vec{r}\,' + \vec{u} \cdot t \\ \vec{v} &= \vec{v}\,' + \vec{u} \\ \vec{a} &= \vec{a}\,' \\ t &= t' \end{aligned}} \qquad (5.2)$$

Da die Beschleunigungen, die in Inertialsystemen gemessen werden, gleich groß sind, sind auch die entsprechenden Kräfte gleich groß:

$$\vec{F} = \vec{F}\,' \qquad (5.3)$$

Beispiel: Galilei-Transformation: Wurf

Die Transformation zwischen zwei Bezugssystemen kann bei einem horizontalen Wurf mit der Startgeschwindigkeit $\vec{v}_\circ = v_\circ\, \vec{e}_x$ verdeutlicht werden. Wählt man ein Koordinatensystem O' so, dass es sich mit der Geschwindigkeit $\vec{u} = v_\circ\, \vec{e}_x$ relativ zu O bewegt,

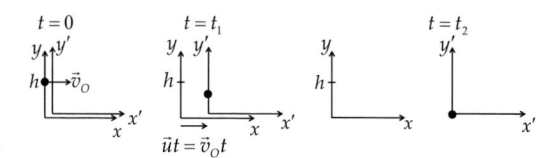

so erscheint der Wurf in dem Koordinatensystem O' als freier Fall:

In beiden Bezugssystemen des Beispiels gilt natürlich trotzdem dasselbe Fallgesetz, wie wir aus den y-Komponenten der Fallbewegung ablesen können:

System O :
$x = v_\circ t$

$y = h - \dfrac{1}{2}gt^2$

System O' :
$x' = x - u_x t$
$ = v_\circ t - v_\circ t = 0$

$y' = h - \dfrac{1}{2}gt^2 - \underbrace{u_y t}_{=0}$

Experiment: Galilei-Transformation

Ein Tischtennisball wird mit einer Spiralfeder senkrecht nach oben katapultiert und am selben Ort wieder eingefangen (senkrechter Wurf). Montiert man dieses Abschusssystem auf den Wagon einer Spielzeugeisenbahn und lässt diese mit konstanter Geschwindigkeit fahren, erweist sich im Laborsystem der senkrechte Abschuss als schiefer Wurf. Auch hier wird der Ball wieder eingefangen, da Ball und Eisenbahn dieselbe horizontale Geschwindigkeit haben. Im Bezugssystem der Eisenbahn wird natürlich weiterhin der senkrechte Wurf beobachtet.

5.3 Beschleunigte Bezugssysteme

In diesem Kapitel wollen wir die Ursache von Scheinkräften untersuchen, die durch beschleunigte Bezugssysteme zustande kommen. Dazu gehören Trägheitskräfte, die Zentrifugalkraft und die Corioliskraft.

5.3.1 Gradlinige, gleichförmig beschleunigte Bewegung

Auf dem Billardtisch in einer luxuriösen Eisenbahn liegt reibungsfrei eine Kugel. Beim Anfahren im Bahnhof beschleunige der Zug mit konstanter Beschleunigung $\vec{a} = const$. Im Inertialsystem O des Bahnsteigs bleibt die Kugel auf Grund ihrer Trägheit liegen.

Für den Beobachter im Zug sieht es so aus, als wirke eine Kraft auf die Kugel, die sie beschleunigt. Tatsächlich ist aber die Ursache für die scheinbare Bewegung der Kugel die Beschleunigung des Systems O' des anfahrenden Zugs.

Wir sprechen hier von einer Scheinkraft, da sie nicht auf einer fundamentalen Wechselwirkung beruht, sondern durch ein beschleunigtes Bezugssystem und die Trägheit der Kugel zustande kommt.

Der Vergleich der beiden Bezugssysteme ergibt Folgendes:

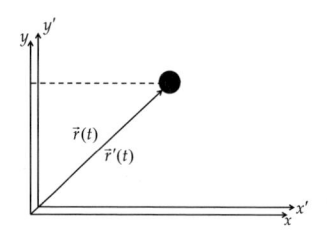

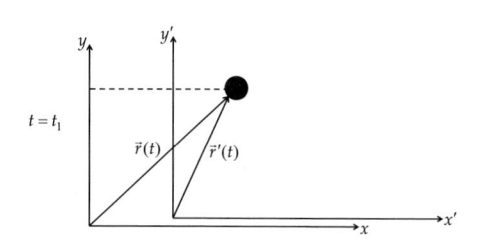

System O Bahnsteig:

$r(t)$ die Kugel bleibt liegen.

System O' anfahrender Zug:

$$t' = t$$

$$r'(t) = \begin{pmatrix} x - \frac{1}{2}at^2 \\ y \\ z \end{pmatrix}$$

5.3.2 Rotierendes Bezugssystem

Sei O ein Inertialsystem und O' ein mit konstanter Winkelgeschwindigkeit $\vec{\omega}$ um die z-Achse rotierendes Bezugssystem. $\vec{\omega}$ wird dabei im System O gemessen.

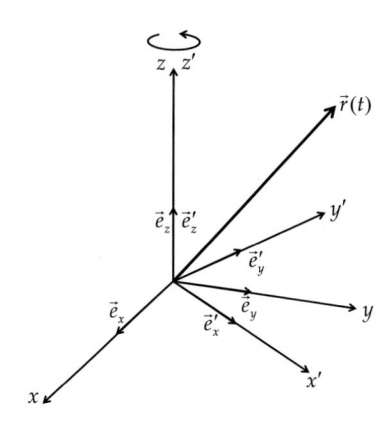

Der Ortsvektor eines Massenpunkts zum Zeitpunkt t lautet im System O:

$$\vec{r}(t) = x(t)\,\vec{e}_x + y(t)\,\vec{e}_y + z(t)\,\vec{e}_z \tag{5.4}$$

5.3 Beschleunigte Bezugssysteme

In O' ist $\vec{r}$ derselbe Vektor, er wird durch andere Koordinaten dargestellt:

$$\vec{r}\,'(t) = \vec{r}(t) \tag{5.5}$$
$$= x'(t)\,\vec{e}_{x'} + y'(t)\,\vec{e}_{y'} + z'(t)\,\vec{e}_{z'} \tag{5.6}$$

Für die Transformation der Geschwindigkeit und der Beschleunigung des Massenpunkts müssen wir die Rotation der Einheitsvektoren des Systems O' berücksichtigen.

Ein Beobachter in O nimmt die Geschwindigkeit eines Massenpunktes als

$$\vec{v}(t) = \dot{x}\,\vec{e}_x + \dot{y}\,\vec{e}_y + \dot{z}\,\vec{e}_z \tag{5.7}$$

wahr. Um die Transformation der Geschwindigkeit zu berechnen, lassen wir den Beobachter im System O die Geschwindigkeit des Massenpunkts in den Koordinaten von O' beschreiben. Die Geschwindigkeit unter Beachtung der Produktregel bei der zeitlichen Ableitung von (5.6) ist:

$$\vec{v}(x',y',z') = \frac{d\vec{r}'}{dt} \tag{5.8}$$
$$= \underbrace{\dot{x}'\,\vec{e}_{x'} + \dot{y}'\,\vec{e}_{y'} + \dot{z}'\,\vec{e}_{z'}}_{\vec{v}\,'}$$
$$+ \underbrace{x'\frac{d\vec{e}_{x'}}{dt} + y'\frac{d\vec{e}_{y'}}{dt} + z'\frac{d\vec{e}_{z'}}{dt}}_{\vec{u}} \tag{5.9}$$
$$= \vec{v}\,' + \vec{u} \tag{5.10}$$

Die Relativgeschwindigkeit $\vec{u}$ der beiden Systeme können wir für die gleichförmige Rotationsbewegung über die Winkelgeschwindigkeit $\vec{\omega}$ und den Ortsvektor des Massenpunkts $\vec{r}$ berechnen. Bei einer Kreisbewegung kennen wir bereits den Zusammenhang $\vec{v} = \vec{\omega} \times \vec{r}$ bzw. $\dot{\vec{r}} = \vec{\omega} \times \vec{r}$. Die zeitlichen Ableitungen der Einheitsvektoren können wir damit folgendermaßen umschreiben:

$$\frac{d\vec{e}_{x'}}{dt} = \vec{\omega} \times \vec{e}_{x'}\,, \quad \frac{d\vec{e}_{y'}}{dt} = \vec{\omega} \times \vec{e}_{y'}\,, \quad \frac{d\vec{e}_{z'}}{dt} = \vec{\omega} \times \vec{e}_{z'}\,. \tag{5.11}$$

Mit diesen Zusammenhängen und den Gleichungen (5.9) und (5.5) können wir für die Relativgeschwindigkeit $\vec{u}$ der beiden Bezugssysteme schreiben:

$$\vec{u} = \vec{\omega} \times (x'\vec{e}_{x'}) + \vec{\omega} \times (y'\vec{e}_{y'}) + \vec{\omega} \times (z'\vec{e}_{z'}) \tag{5.12}$$
$$= \vec{\omega} \times \vec{r}\,' \tag{5.13}$$
$$= \vec{\omega} \times \vec{r} \tag{5.14}$$

Eingesetzt in (5.10) ergibt sich für die Transformation der Geschwindigkeit des Massenpunkts:

$$\vec{v} = \vec{v}\,' + \underbrace{\vec{\omega} \times \vec{r}}_{\text{Rotation des Systems } O'} \qquad (5.15)$$

Für die Transformation der Beschleunigung des Massenpunkts zwischen den beiden Bezugssystemen geht unsere Berechnung ähnlich wie oben für die Geschwindigkeit. Die Beschleunigung des Massenpunkts im System O lautet:

$$\vec{a}(t) = \ddot{x}\,\vec{e}_x + \ddot{y}\,\vec{e}_y + \ddot{z}\,\vec{e}_z \qquad (5.16)$$

Als Beobachter im System O drücken wir die Beschleunigung des Massenpunkts in den Koordinaten von O' aus. Wir beginnen mit der zeitlichen Ableitung der Geschwindigkeit (5.15):

$$\vec{a}(x', y', z') = \frac{d\vec{v}}{dt} \qquad (5.17)$$

$$= \frac{d}{dt}(\vec{v}\,' + \vec{\omega} \times \vec{r}) \qquad (5.18)$$

Zunächst berechnen wir den ersten Term der rechten Seite. Im Bezugssystem O' ist die zeitliche Ableitung von $\vec{v}\,'$ nach der Produktregel:

$$\frac{d\vec{v}'}{dt} = \underbrace{\dot{v}'_x\,\vec{e}_{x'} + \dot{v}'_y\,\vec{e}_{y'} + \dot{v}'_z\,\vec{e}_{z'}}_{\equiv \vec{a}\,'} + \underbrace{v_{x'}\frac{d\vec{e}_{x'}}{dt} + v_{y'}\frac{d\vec{e}_{y'}}{dt} + v_{z'}\frac{d\vec{e}_{z'}}{dt}}_{\equiv \vec{q}} \qquad (5.19)$$

Analog zu (5.12) können wir den Vektor $\vec{q}$ darstellen durch:

$$\vec{q} = \vec{\omega} \times (v_{x'}\,\vec{e}_{x'}) + \vec{\omega} \times (v_{y'}\,\vec{e}_{y'}) + \vec{\omega} \times (v_{z'}\,\vec{e}_{z'}) \qquad (5.20)$$
$$= \vec{\omega} \times \vec{v}\,' \qquad (5.21)$$

Damit ist

$$\frac{d\vec{v}'}{dt} = \vec{a}\,' + \vec{\omega} \times \vec{v}\,' \ . \qquad (5.22)$$

Den zweiten Term auf der rechten Seite der Gl. (5.18) für die Beschleunigung können wir bei der konstanten Rotationsgeschwindigkeit $\vec{\omega}$ und mit der Geschwindigkeitstransformation (5.15) folgendermaßen umschreiben:

5.3 Beschleunigte Bezugssysteme

$$\frac{d}{dt}(\vec{\omega} \times \vec{r}) = \vec{\omega} \times \frac{d\vec{r}}{dt} \tag{5.23}$$

$$= \vec{\omega} \times \vec{v} \tag{5.24}$$

$$= \vec{\omega} \times (\vec{v}\,' + \vec{\omega} \times \vec{r}) \tag{5.25}$$

$$= \vec{\omega} \times \vec{v}\,' + \vec{\omega} \times (\vec{\omega} \times \vec{r}) \tag{5.26}$$

Setzen wir für die Beschleunigung (5.18) beide Terme (5.22, 5.26) ein, so ergibt sich als Transformation für die Beschleunigung des Massenpunkts:

$$\vec{a} = \vec{a}\,' + 2(\vec{\omega} \times \vec{v}\,') + \vec{\omega} \times (\vec{\omega} \times \vec{r}) \tag{5.27}$$

Das Umstellen der Terme erleichtert uns die Interpretation dieser Transformationsvorschrift:

$$\vec{a}\,' = \vec{a} + \underbrace{2(\vec{v}\,' \times \vec{\omega})}_{\equiv \vec{a}_C} + \underbrace{\vec{\omega} \times (\vec{r} \times \vec{\omega})}_{\equiv \vec{a}_{ZF}} \tag{5.28}$$

Der zweite Term auf der rechten Seite ist die sogenannte Coriolisbeschleunigung $\vec{a}_C$, und der dritte Term ist die Zentrifugalbeschleunigung $\vec{a}_{ZF}$. Der rotierende Beobachter muss zusätzlich zur Beschleunigung, die in einem Inertialsystem gemessen wird, Coriolisbeschleunigung a_c und Zentrifugalbeschleunigung a_{ZF} berücksichtigen.

Selbst wenn im System O keine Beschleunigung des Massenpunkts $\vec{a} = 0$ gemessen wird, misst der Beobachter im System O' auf Grund seiner eigenen Rotationsbewegung eine von Null verschiedene Beschleunigung $\vec{a}\,' \neq 0$ für den Massenpunkt in der Form der Coriolis- und Zentrifugalbeschleunigungen.

Durch Multiplikation mit der Masse des Massenpunkts erhalten wir aus diesen Beschleunigungen die entsprechenden Scheinkräfte:

$$\boxed{\begin{array}{ll} \text{Corioliskraft} & \vec{F}_C = 2m\,(\vec{v}\,' \times \vec{\omega}) \\ \text{Zentrifugalkraft} & \vec{F}_{ZF} = m\vec{\omega} \times (\vec{r} \times \vec{\omega}) \end{array}} \tag{5.29}$$

Der Zusatz „Schein" soll hier auch darauf hindeuten, dass die Kräfte nicht auf fundamentalen Wechselwirkungen zwischen Körpern beruhen, sondern sich durch den Effekt der Messung in einem beschleunigten Bezugssystem ergeben.

> **Experiment: Der Fliehkraftregler**
>
> Ein Anwendungsbeispiel für rotierende Systeme ist der Fliehkraftregler. Dieses mechanische Gerät schaltet bei großen Drehzahlen ein Gerät aus und schützt so z.B. Motoren.
>
> Im Laborsystem berechnen wir: 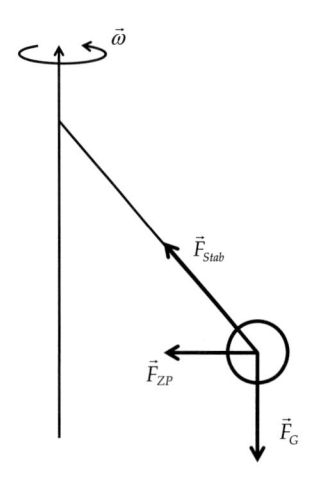
>
> Im rotierenden System gilt:
>
> Die Kugel wird durch die Zentripetalkraft F_{ZP} auf eine Kreisbahn gezwungen. F_{ZP} setzt sich zusammen aus
>
> $$\vec{F}_{ZP} = \vec{F}_G + \vec{F}_{Stab} \; .$$
>
> Die Kugel ruht, d.h. $\sum_{i=1}^{n} \vec{F}_i = 0$. Demnach gibt es ein Kräftegleichgewicht. Aus der Skizze sehen wir, dass
>
> $$\vec{F}_G + \vec{F}_{Stab} \neq 0$$
>
> ist. Die resultierende Kraft aus diesen beiden Kräften wird durch die Zentrifugalkraft F_{ZF} kompensiert:
>
> $$\vec{F}_G + \vec{F}_{Stab} = \vec{F}_{ZF}$$
>
> Dabei ist $\vec{F}_{ZF} = m\vec{\omega} \times (\vec{r} \times \vec{\omega})$.

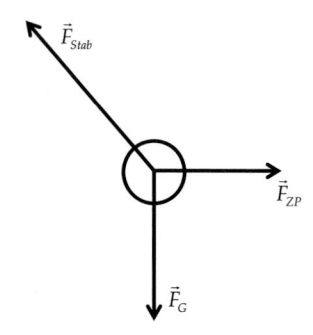

5.3.3 Erdrotation: Foucault'sches Pendel

In einem eindrucksvollen Versuch gelang es dem französischen Physiker Jean Foucault 1851 die Erdrotation ohne Zusatzinformationen aus dem Universum mit Hilfe eines Pendels nachzuweisen. In einem Inertialsystem ist die Schwingungsebene eines Pendels durch die Anfangsauslenkung festgelegt. Ein Pendel in einem rotierenden Bezugssystem erfährt zusätzlich die Corioliskraft mit der Konsequenz, dass sich die Pendelebene dreht.

5.3 Beschleunigte Bezugssysteme

Das Foucault'sche Pendel besteht aus einer Kugel an einem mehrere Meter langen Faden (große Schwingungsperiode) und einer kardanischen Aufhängung.

Für ein Pendel, das am Nordpol schwingt, dauert die volle Drehung der Pendelebene 1 Tag. Von außerhalb der Erde gesehen dreht sich die Erde unter der festen Schwingungsebene des Pendels.

Für den Beobachter am Nordpol wirkt der Vektor der Winkelgeschwindigkeit $\vec{\omega}$ der Erde maximal in der Corioliskraft $\vec{F}_c = m\vec{v}' \times \vec{\omega}$. Die Geschwindigkeit $\vec{v}'$ beschreibt die Bewegung des Pendels im Erdsystem.

Schwingt das Pendel z.B. nach Osten, wird von oben betrachtet seine Bahn durch $\vec{F}_c$ im Uhrzeigersinn gedreht. Bei der Rückschwingung nach Westen ist die Drehrichtung durch $\vec{F}_c$ ebenfalls im Uhrzeigersinn.

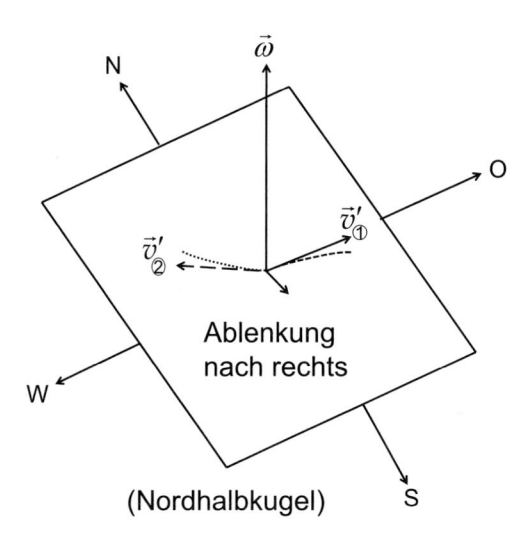

Am Südpol dreht sich die Pendelebene gegen den Uhrzeigersinn. Am Äquator findet keine Drehung statt. Entscheidend für die Drehung der Pendelebene ist die Komponente $\hat{\vec{\omega}}$ der Winkelgeschwindigkeit $\vec{\omega}$ in radialer Richtung durch den Aufhängepunkt des Pendels. Bezeichnen wir den Breitengrad mit λ ($\lambda = 0$ am Äquator), ist

$$\hat{\vec{\omega}} = \vec{\omega} \sin \lambda \qquad (5.30)$$

und die entsprechende Corioliskraft beträgt

$$\vec{F}_c = m \sin \lambda \, (\vec{v}' \times \vec{\omega}) \ . \qquad (5.31)$$

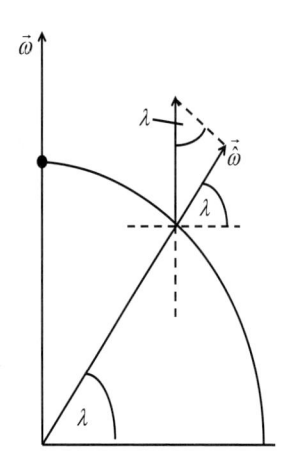

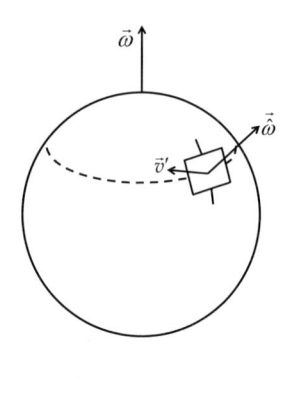

> **Experiment: Foucault'sches Pendel in Aachen**
>
> Unsere Messung des Aachener Breitengrads mit einem Foucault'schen Pendel ergab eine Drehung der Pendelebene in $\Delta t = 345\,\text{s}$ um $\Delta \varphi = 1,15°$. Damit ist die Zeit für eine volle Drehung der Pendelebene
>
> $$\frac{\Delta \varphi}{360°} = \frac{\Delta t}{T_{Aachen}} \qquad (5.32)$$
>
> $$T_{Aachen} = 30\,\text{h} \; . \qquad (5.33)$$
>
> Die langsamere Drehung der Pendelebene zeigt die geringere Corioliskraft in Aachen. Im Vergleich zum Nordpol ist sie um $\sin \lambda$ reduziert. Damit berechnen wir den Breitengrad in Aachen:
>
> $$\frac{T_{Nordpol}}{T_{Aachen}} = \frac{24}{30} = \frac{\sin(\lambda_{Aachen})}{\sin(\lambda_{Nordpol})} = \sin(\lambda_{Aachen}) \qquad (5.34)$$
>
> $$\lambda_{Aachen} = \arcsin\left(\frac{24}{30}\right) \approx 53° \qquad (5.35)$$
>
> Dieser Wert stimmt ungefähr mit dem geodätischen Breitengrad $50°46'N$ überein.

5.4 Lorentztransformation

Für Transformationen zwischen zwei sehr schnell bewegten Bezugssystemen reichen die Konzepte, die uns zur Galilei-Transformation geführt haben, nicht aus. Für solche Transformationen benötigen wir die Lorentztransformation.

Zu ihrer Einführung betrachten wir zunächst ein Gedankenexperiment, das wir mit der Galilei-Transformation berechnen können und erweitern dann die Überlegungen.

Ein Zug fahre mit der Geschwindigkeit v_{ICE} durch einen Bahnhof, der das ruhende Beobachtungssystem O definiert. Beobachter im Zug befinden sich im Bezugssystem O'. Im Clubraum des Luxuszugs steht ein Billardtisch, auf dem eine Kugel in Fahrtrichtung rollt.

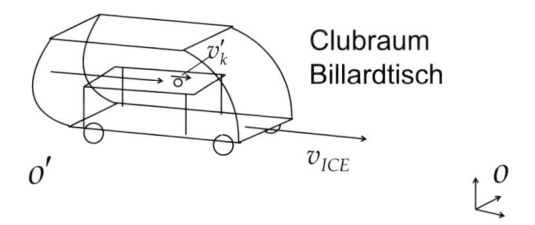

Der Beobachter im Zug misst die Kugel-Geschwindigkeit v'_k. Der Beobachter auf dem Bahnsteig misst die Kugel-Geschwindigkeit v_k. Durch die Galilei-Transformation (5.1) lassen sich Ort und Zeit zwischen den Systemen hin und zurück transformieren:

$$x'_k = x_k - v_{ICE}\, t \qquad (5.36)$$
$$y'_k = y_k \qquad (5.37)$$
$$z'_k = z_k \qquad (5.38)$$
$$t' = t \qquad (5.39)$$

Wir ersetzen nun den Billardtisch im Zug durch eine Lampe und ein Gerät zur Messung der Lichtgeschwindigkeit. Auf dem Bahnhof befindet sich ebenfalls ein Messgerät für die Lichtgeschwindigkeit des Lampenlichts.

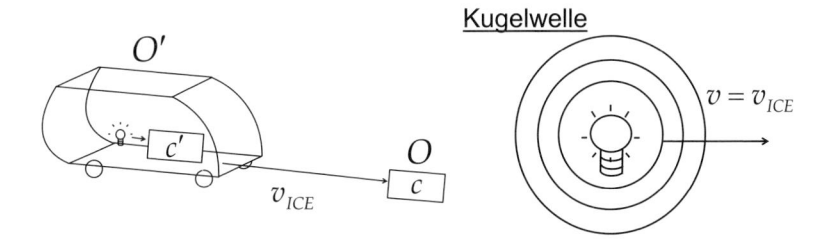

Experimentelle Untersuchungen, z.B. das Michelson-Moreley Experiment, zeigen keine Abhängigkeit der Lichtgeschwindigkeit von der Bewegung eines Inertialsystems. Die Funktionsweise des Michelson-Interferometers wird in einem späteren Modul vorgestellt. Auf Grund solcher experimenteller Befunde hat Albert Einstein folgendes Postulat aufgestellt, das entscheidende Konsequenzen für unser Gedankenexperiment hat:

- Die Lichtgeschwindigkeit im Vakuum ist in jedem Inertialsystem gleich groß. In keinem Bezugssystem können wir die Bewegung der Lichtquelle aus der Kugelwelle selbst nachweisen.

$$\boxed{c = c'} \tag{5.40}$$

Wir testen im Folgenden, ob die Galilei-Transformation konzeptionell mit diesem Postulat vereinbar ist. In beiden Systemen, Zug und Bahnhof, kann die Kugelwelle folgendermaßen beschrieben werden:

$$O: \quad x^2 + y^2 + z^2 = r^2 = c^2 t^2 \tag{5.41}$$
$$O': \quad x'^2 + y'^2 + z'^2 = c^2 t'^2 \tag{5.42}$$

Bei der Transformation muss die Kugelwelle kugelförmig bleiben. Mit Galilei folgt aber

$$x' = x - vt \qquad t = t' \tag{5.43}$$
$$x^2 \underbrace{- 2vtx + v^2 t^2}_{\text{i.A.} \neq 0} + y^2 + z^2 = c^2 t^2 \ . \tag{5.44}$$

Im Allgemeinen sind der zweite und dritte Term auf der linken Seite nicht Null, so dass die Welle nicht kugelförmig erscheint. Damit ist die Galilei-Transformation mit Einsteins Postulat nicht vereinbar. Gesucht ist eine Koordinaten-Transformation, die mit dem Postulat vereinbar ist.

Die **Lorentztransformation** zwischen Bezugssystemen lautet für eine 1-dimensionale Transformation entlang der x-Achse folgendermaßen:

$$\boxed{\begin{aligned} x' &= \gamma(x - vt) \\ y' &= y \\ z' &= z \\ t' &= \gamma\left(t - \tfrac{vx}{c^2}\right) \end{aligned}} \tag{5.45}$$

$$\boxed{\begin{aligned} x &= \gamma(x' + vt') \\ y &= y' \\ z &= z' \\ t &= \gamma\left(t' + \tfrac{vx'}{c^2}\right) \end{aligned}} \tag{5.46}$$

5.4 Lorentztransformation

Einsetzen der Kugelwelle in das System O' (5.42) liefert:

$$\gamma^2(x^2 - 2xvt + v^2t^2) + y^2 + z^2 = c^2\gamma^2\left(t^2 - 2t\frac{vx}{c^2} + \frac{v^2x^2}{c^4}\right) \quad (5.47)$$

$$\gamma^2 x^2\left(1 - \frac{v^2}{c^2}\right) + y^2 + z^2 = c^2 t^2 \gamma^2 \left(1 - \frac{v^2}{c^2}\right) \quad (5.48)$$

Mit dieser Transformation erhalten wir eine Kugelwelle, falls gilt:

$$\boxed{\gamma = \frac{1}{\sqrt{1-\beta^2}} \quad \text{mit} \quad \beta \equiv \frac{v}{c}} \quad (5.49)$$

Die Lorentztransformation ist mit Einsteins Postulat vereinbar.

Die Abhängigkeit von γ von der Geschwindigkeit v der Bezugssysteme ist im Vergleich zur Lichtgeschwindigkeit c im folgenden Bild gezeigt:

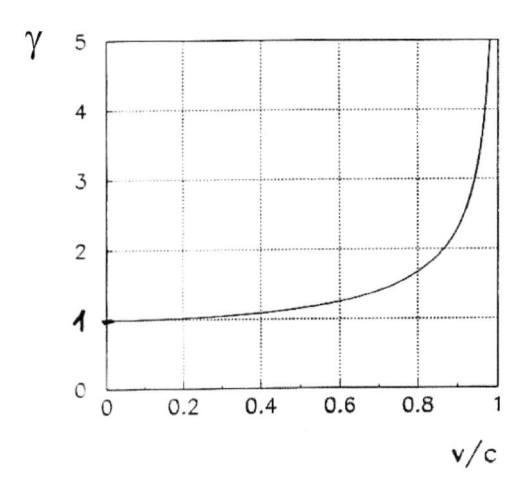

Für kleine Werte von $\beta = v/c$ ist $\gamma = 1$, so dass sich für die Raumkoordinaten wieder die Galilei-Transformation ergibt. Dasselbe gilt für die Zeit, da der Korrekturterm v/c^2 klein wird. Für große Geschwindigkeiten $\beta = v/c \to 1$ divergiert der Faktor γ und beeinflusst die Transformation entsprechend stark.

Folgende Aspekte sind bemerkenswert:

- In der Lorentztransformation sind Raum und Zeit miteinander verknüpft.
- Die Lichtgeschwindigkeit c im Vakuum hat die Bedeutung einer Grenzgeschwindigkeit. Die maximale Geschwindigkeit, mit der Signale übertragen werden, ist c.
- Die Maxwellgleichungen (Elektrodynamik) sind invariant bzgl. der Lorentztransformation.
- Die Lorentztransformation hat große, aktuelle Bedeutung in der Elementarteilchenphysik.

Kapitel 6
Spezielle Relativitätstheorie

In der speziellen Relativitätstheorie werden wir die teilweise überraschenden Auswirkungen der Konstanz der Lichtgeschwindigkeit im Vakuum (Einsteins Postulat (5.40)) für Objekte untersuchen, die sich mit hohen Geschwindigkeiten relativ zu anderen Objekten bewegen.

Im Bereich der Elementarteilchenphysik ist die spezielle Relativitätstheorie eine wesentliche Voraussetzung für das Verständnis vieler physikalischer Phänomene. Wir werden deswegen unsere Anwendungsbeispiele bevorzugt aus diesem Forschungsbereich wählen.

6.1 Lichtgeschwindigkeit

Die Lichtgeschwindigkeit c im Vakuum ist eine der fundamentalen Konstanten in der Physik. Wir werden eine Messung von c in dem folgendem Experiment durchführen, das auf Foucault zurückgeht.

> **Experiment: Lichtgeschwindigkeit**
>
> Ein Laserstrahl trifft zunächst auf einen Strahlteiler, dann auf einen sich schnell drehenden Spiegel, der einen weiteren Spiegel in der Entfernung d beleuchtet. Während der Strahl die Distanz $2d$ zurücklegt dreht sich der Spiegel um den Winkel α, so dass der reflektierte Strahl versetzt zum Referenzstrahl auf den Strahlteiler und dann auf den Schirm trifft.

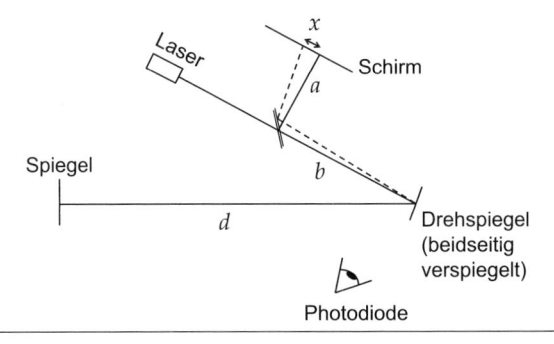

Analog zum Gravitationswaagen-Versuch (Kapitel 4.2) ergibt sich für den Ablenkwinkel des Laserstrahls 2α und für die Ablenkung x auf dem Schirm nach Gl. (4.26)

$$\frac{x}{a+b} \approx 2\alpha \ . \tag{6.1}$$

Die Frequenz des Drehspiegels wird mit Hilfe einer Fotodiode gemessen. Da der Drehspiegel beidseitig verspiegelt ist, trifft der Laserstrahl die Diode zweimal pro Umdrehung. Im Experiment wurde eine Frequenz von $f = 563,5\,\frac{1}{s}$ gemessen.

Der Winkel, um den sich der Spiegel bis zur erneuten Reflexion weiterdreht, ergibt sich aus

$$\alpha = \omega t = 2\pi f t \ . \tag{6.2}$$

Mit der oben angegebenen Drehfrequenz und den Abständen $d = 15\,\text{m}$ und $a + b = 3\,\text{m}$ wurde auf dem Schirm eine Ablenkung $x = 2\,\text{mm}$ gemessen. Damit ergibt sich für die Lichtgeschwindigkeit auf der Strecke $2d$

$$c = \frac{2d}{t} \tag{6.3}$$

$$= \frac{2d \cdot 2\pi f}{\alpha} \tag{6.4}$$

$$= \frac{8 d \pi f (a+b)}{x} \tag{6.5}$$

$$= 318651743 \frac{\text{m}}{\text{s}} \ . \tag{6.6}$$

Der genaue Wert für die Lichtgeschwindigkeit im Vakuum ist

$$\boxed{c = 299792458 \frac{\text{m}}{\text{s}}} \ . \tag{6.7}$$

6.2 Zeitdilatation

Durch die Verknüpfung von Raum und Zeit werden Zeitmessungen in verschiedenen Bezugssystemen unterschiedlich ausfallen. In dem folgenden Gedankenexperiment werden wir die Umrechnung zwischen zwei Zeitmessungen bestimmen.

6.2 Zeitdilatation

> **Experiment: Zeitdilatation**
>
> Ein Astronaut misst in seinem Raumschiff die Zeit $\Delta t'$, die das Licht für die Strecke zum Spiegel und zurück benötigt. 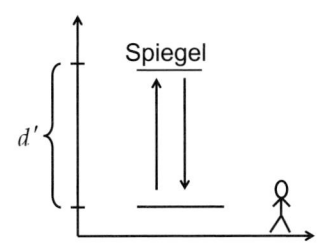
>
> Bei der Messung der Lichtlaufzeit durch das Kontrollzentrum hat sich das Raumschiff um die Strecke Δx weiterbewegt. Das Kontrollzentrum misst eine entsprechend längere Laufzeit Δt des Lichts.

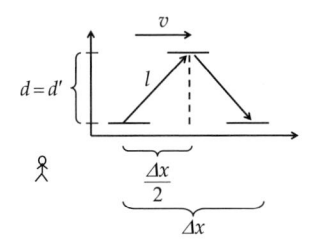

Die Geometrie des aus der Sicht des Kontrollzentrums gemessenen linken rechtwinkeligen Dreiecks ist nach dem Gesetz von Pythagoras

$$l^2 = d^2 + \left(\frac{\Delta x}{2}\right)^2 . \tag{6.8}$$

Wir verwenden die folgenden Argumente, um die verschiedenen Terme in (6.8) zu ersetzen:

- Die Lichtgeschwindigkeit c ist nach dem Einstein Postulat (5.40) in beiden Systemen gleich groß.
- Aus der Sicht des Kontrollzentrums legt das Licht in der halben Laufzeit $\Delta t/2$ die Strecke $l = c\Delta t/2$ zurück.
- Das Raumschiff hat sich in der halben Laufzeit $\Delta t/2$ mit der Geschwindigkeit v um die Strecke $\Delta x/2 = v\,\Delta t/2$ weiterbewegt.
- Aus der Sicht des Astronauten hat das Licht in der halben Laufzeit $\Delta t'/2$ die Strecke $d' = d = c\Delta t'/2$ zurückgelegt.

Einsetzen aller Argumente in Gl. (6.8) ergibt:

$$\left(c\frac{\Delta t}{2}\right)^2 = \left(c\frac{\Delta t'}{2}\right)^2 + \left(v\frac{\Delta t}{2}\right)^2 \tag{6.9}$$

$$\Delta t^2 (c^2 - v^2) = c^2 \Delta t'^2 \tag{6.10}$$

$$\Delta t^2 \left(1 - \frac{v^2}{c^2}\right) = \Delta t'^2 \tag{6.11}$$

Mit $\gamma^2 = 1/\left(1 - v^2/c^2\right)$ aus Gl. (5.49) ergibt sich als Zusammenhang zwischen den Zeitmessungen

$$\boxed{\Delta t = \gamma \Delta t'} \quad . \tag{6.12}$$

Diese Gleichung formuliert die **Zeitdilatation**. Sie impliziert, dass Uhren in schnell bewegten Systemen aus der Sicht eines ruhenden Beobachters langsamer laufen.

Als **Eigenzeit** bezeichnet man die Zeit $\Delta t'$ zwischen zwei Ereignissen, die in einem Bezugssystem an demselben Ort stattfinden.

Beispiel: Myon Lebensdauer

Myonen haben eine Lebensdauer von $\Delta t' \approx 5 \cdot 10^{-6}$ s, woraus sich eine maximale Reichweite von $x' = c \Delta t' \approx 1500$ m ergeben würde.

Messungen der kosmischen Höhenstrahlung zeigen aber, dass Myonen weitaus größere Entfernungen zurücklegen können.

Myonen mit z.B. $\gamma = 100$ im Bezugssystem der Erde leben $\Delta t = \gamma \Delta t' = 5 \cdot 10^{-4}$ s lang, woraus wir eine Reichweite von $x = c \Delta t \approx 150$ km berechnen.

6.3 Längenkontraktion

Wegen der Verknüpfung von Raum und Zeit, die wir in der Lorentztransformation bereits erwähnt haben, müssen Längenmessungen zu einem festen Zeitpunkt durchgeführt werden.

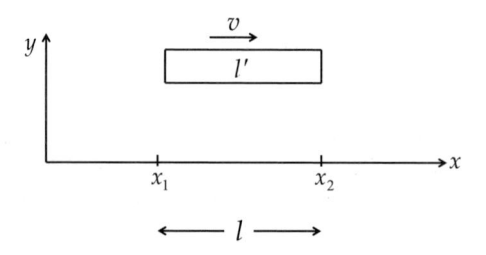

Um zum Beispiel die korrekte Länge eines Stabs zu bestimmen, müssen beide Positionen x_1 und x_2 gleichzeitig gemessen werden. Wird der Stab mit der Geschwindigkeit v bewegt, so sind die Positionen nach der Lorentztransformation (5.45):

$$x'_1 = \gamma(x_1 - vt) \tag{6.13}$$
$$x'_2 = \gamma(x_2 - vt) \tag{6.14}$$
$$\tag{6.15}$$

Die Differenz der beiden Gleichungen ergibt

$$x'_2 - x'_1 = \gamma(x_2 - x_1) \ . \tag{6.16}$$

Bezeichnen wir die Differenzen mit $l' \equiv x'_2 - x'_1$ und $l \equiv x_2 - x_1$, so erhalten wir die übliche Formulierung der **Längenkontraktion**:

$$\boxed{l = \tfrac{1}{\gamma} l'} \tag{6.17}$$

Bewegte Objekte wirken für den ruhenden Beobachter verkürzt.

6.4 Raumzeit-Diagramme

Auf Grund unserer täglichen Erfahrung verstehen wir Ort und Zeit als unabhängige Größen. Für hohe Geschwindigkeiten der Bezugssysteme sind aber beide Aspekte in der Raumzeit untrennbar miteinander verknüpft.

Ein sogenanntes Raumzeit-Diagramm zeigt unsere Wissens- und Kommunikationsmöglichkeiten.

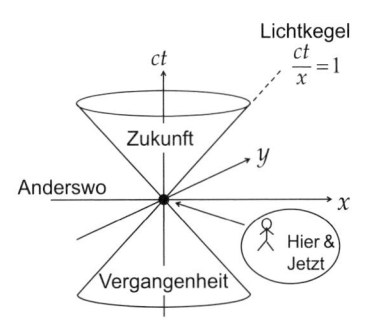

Das Hier und Jetzt befindet sich im Koordinatenursprung der Raumzeit-Koordinaten. Entlang der vertikalen Achse läuft die Zeit, hier formuliert als Länge ct. Dementsprechend werden Vergangenheit und Zukunft nach unten bzw. oben sortiert.

Die Winkelhalbierenden bilden den Lichtkegel mit der Steigung $ct/x = 1$. Da die Lichtgeschwindigkeit c die maximale Signalübertragungs-Geschwindigkeit ist, können diese Geraden nicht überwunden werden. Von innen aus dem Kegel heraus können wir keine Information über den äußeren Raumbereich, das Anderswo, erhalten.

Beispiel: Rakete

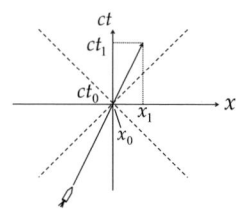

Die Rakete fliegt auf einer Weltlinie mit der Geschwindigkeit v, die wir aus der Steigung $c(t_1 - t_\circ)/(x_1 - x_\circ) = c/v = 1/\beta$ ablesen können.

6.4.1 Abstand in der Raumzeit

Im Rahmen der Längenkontraktion hatten wir bereits eine Längenmessung entlang der Ortskoordinaten durchgeführt. In diesem Abschnitt wollen wir allgemeine Längenmessungen in der Raumzeit durchführen, die die Raum- und Zeitkoordinaten mit einschließen.

Abstandsmessungen in Räumen der reellen und komplexen Zahlen sind uns bereits bekannt.

Mathematischer Einschub: Abstandsmessung im Euklidischen Raum

Im 2-dimensionalen Raum der reellen Zahlen können wir Abstände zwischen zwei Raumpunkten über das Skalarprodukt eines Vektors zwischen den beiden Punkten bestimmen:

$$|\vec{a}|^2 = \vec{a}\vec{a} = \begin{pmatrix} x_a \\ y_a \end{pmatrix} \begin{pmatrix} x_a \\ y_a \end{pmatrix} \tag{6.18}$$

$$d^2 = x_a^2 + y_a^2 \tag{6.19}$$

$$d = \sqrt{x_a^2 + y_a^2} \tag{6.20}$$

6.4 Raumzeit-Diagramme

Mathematischer Einschub: Abstandsmessung im komplexen Zahlenraum

In der komplexen Zahlenebene ist die Länge durch das Skalarprodukt zwischen dem Vektor $\vec{a}$ mit dem konjugiert komplexen Vektor a^* definiert:

$$|\vec{a}|^2 = \vec{a}\vec{a}^* = \begin{pmatrix} x_a \\ iy_a \end{pmatrix} \begin{pmatrix} x_a \\ -iy_a \end{pmatrix} \quad (6.21)$$

$$d^2 = x_a^2 + y_a^2 \quad (6.22)$$

$$d = \sqrt{x_a^2 + y_a^2} \quad (6.23)$$

Mathematischer Einschub: Abstandsmessung in Minkowski Raumzeit

Für die Raumzeit wird in der Literatur häufig die **Minkowski Raumzeit** verwendet. In ihr wird die Zeitkoordinate als komplexe Größe behandelt. Auch hier wird die Länge über das Skalarprodukt bestimmt:

$$|\vec{a}|^2 = \vec{a}\vec{a} = \begin{pmatrix} x_a \\ ict_a \end{pmatrix} \begin{pmatrix} x_a \\ ict_a \end{pmatrix} \quad (6.24)$$

$$d^2 = x_a^2 - c^2 t_a^2 \quad (6.25)$$

Wir verwenden hier eine allgemeinere Konvention für die Raumzeit

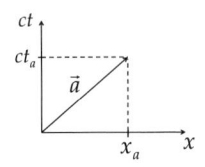

und definieren das Skalarprodukt für die Längenmessung mit Hilfe einer Matrix, die man auch mit **Metrik** bezeichnet:

$$\hat{g} = \begin{pmatrix} 1 & 0 & 0 & 0 \\ 0 & -1 & 0 & 0 \\ 0 & 0 & -1 & 0 \\ 0 & 0 & 0 & -1 \end{pmatrix} \quad (6.26)$$

Ein **Vierervektor a** der Raumzeit habe folgende Koordinaten:

$$\mathbf{a} = \begin{pmatrix} ct_a \\ x_a \\ 0 \\ 0 \end{pmatrix} \tag{6.27}$$

Mathematischer Einschub: Abstandsmessung mit Raumzeit Metrik

Das Skalarprodukt des Vierervektors **a** mit sich selbst ergibt sich aus Matrixmultiplikation mit der Metrik:

$$\mathbf{a}^2 = (ct_a, x_a, 0, 0) \begin{pmatrix} 1 & 0 & 0 & 0 \\ 0 & -1 & 0 & 0 \\ 0 & 0 & -1 & 0 \\ 0 & 0 & 0 & -1 \end{pmatrix} \begin{pmatrix} ct_a \\ x_a \\ 0 \\ 0 \end{pmatrix} \tag{6.28}$$

$$= (ct_a, x_a, 0, 0) \begin{pmatrix} ct_a \\ -x_a \\ 0 \\ 0 \end{pmatrix} \tag{6.29}$$

$$= c^2 t_a^2 - x_a^2 \tag{6.30}$$

Das Quadrat der Länge von a in der Raumzeit ist damit:

$$\boxed{\mathbf{a}^2 = c^2 t_a^2 - x_a^2} \tag{6.31}$$

Der Unterschied zur Minkowski-Raumzeit liegt in der Vorzeichenkonvention.

Abstandsmessungen sind invariant unter der Lorentztransformation ($d = d'$). Raumzeit-Punkte mit gleichem Abstand zum Ursprung liegen auf folgender Kurve:

$$d^2 = c^2 t^2 - x^2 \tag{6.32}$$

$$ct = \pm\sqrt{d^2 + x^2} \tag{6.33}$$

z.B. $ct = 1$

Für die Vierervektoren in der Raumzeit gibt es eine nützliche Schreibweise der **Lorentztransformation** (5.45) **in Matrixform**:

6.5 Energie-Impuls-Raum

$$\begin{pmatrix} ct' \\ x' \\ y' \\ z' \end{pmatrix} = \begin{pmatrix} \gamma & -\gamma\beta & 0 & 0 \\ -\gamma\beta & \gamma & 0 & 0 \\ 0 & 0 & 1 & 0 \\ 0 & 0 & 0 & 1 \end{pmatrix} \begin{pmatrix} ct \\ x \\ y \\ z \end{pmatrix} \qquad (6.34)$$

$$\begin{pmatrix} ct \\ x \\ y \\ z \end{pmatrix} = \begin{pmatrix} \gamma & \gamma\beta & 0 & 0 \\ \gamma\beta & \gamma & 0 & 0 \\ 0 & 0 & 1 & 0 \\ 0 & 0 & 0 & 1 \end{pmatrix} \begin{pmatrix} ct' \\ x' \\ y' \\ z' \end{pmatrix} \qquad (6.35)$$

6.5 Energie-Impuls-Raum

In Analogie zur Raumzeit können wir einen Raum definieren, der die Gesamtenergie und den Impuls eines Objekts miteinander verbindet. Wir motivieren diesen Energie-Impuls-Raum über Einsteins Energie-Masse-Beziehung.

Albert Einsteins berühmte Formulierung

$$\boxed{E = mc^2} \qquad (6.36)$$

bringt zum Ausdruck, dass Masse eine Form von Energie ist. Diese Schreibweise ist für unsere weiteren Überlegungen unpraktisch, da die Masse m nicht eine Konstante bezeichnet, sondern mit dem γ Faktor (5.49) steigt:

$$\boxed{m = \gamma m_\circ} \qquad (6.37)$$

$m_\circ$ bezeichnet hier die Masse des Teilchens, die gemessen wird, wenn das Teilchen in Ruhe ist. Diese Ruhemasse $m_\circ$ ist eine Teilcheneigenschaft.

Beispiel: Ruhemasse von Teilchen

$$\text{Elektron} \quad m_e = 0,511\,\text{MeV}/c^2$$
$$\text{Proton} \quad m_p = 938\,\text{MeV}/c^2$$

$$1\,\text{eV} = 1\,\text{Elektronenvolt} = 1,6 \cdot 10^{-19}\,\text{J}$$

Zum besseren Verständnis von Einsteins Formel (6.36) schreiben wir sie für die Ruhemasse $m_\circ$ in folgender Weise um:

$$E^2 = m^2 c^4 \tag{6.38}$$

$$= \gamma^2 m_\circ^2 c^4 \tag{6.39}$$

$$= \gamma^2 m_\circ^2 c^2 (c^2 - v^2 + v^2) \tag{6.40}$$

$$= \gamma^2 m_\circ^2 c^2 \left(c^2 \left(1 - \frac{v^2}{c^2}\right) + v^2 \right) \tag{6.41}$$

$$(\underbrace{E}_{\text{Gesamtenergie}})^2 = (\underbrace{m_\circ c^2}_{\text{Ruheenergie}})^2 + (\underbrace{\gamma m_\circ v \, c}_{\text{Impuls } p})^2 \tag{6.42}$$

$$\underbrace{}_{\text{Bewegungsenergie}}$$

$$\boxed{E^2 = m_\circ^2 c^4 + p^2 c^2} \tag{6.43}$$

Die Gesamtenergie eines freien Teilchens, das keiner Wechselwirkung unterliegt, besteht nicht nur aus seiner Bewegungsenergie (kinetische Energie), sondern auch aus seiner Ruheenergie, die durch seine Masse zustande kommt.

Der Impuls des Teilchens ist dabei

$$\boxed{\vec{p} = \gamma \, m_\circ \, \vec{v}} \; . \tag{6.44}$$

Wir definieren den Energie-Impuls-Raum in analoger Weise wie zuvor die Raumzeit. Die Vierervektoren heißen **Viererimpulse p**. Wir definieren hier ihre Komponenten in der Form von Energiekomponenten, um im Folgenden das Skalarprodukt direkt interpretieren zu können:

$$\boxed{\mathbf{p} = \begin{pmatrix} E \\ p_x c \\ p_y c \\ p_z c \end{pmatrix} = \begin{pmatrix} E \\ \vec{p} c \end{pmatrix}} \tag{6.45}$$

Durch die Metrik (6.26) ergibt das Skalarprodukt von **p** mit sich selbst:

$$\mathbf{p}^2 = (E, \; p_x c, \; p_y c, \; p_z c) \begin{pmatrix} 1 & 0 & 0 & 0 \\ 0 & -1 & 0 & 0 \\ 0 & 0 & -1 & 0 \\ 0 & 0 & 0 & -1 \end{pmatrix} \begin{pmatrix} E \\ p_x c \\ p_y c \\ p_z c \end{pmatrix} \tag{6.46}$$

$$= (E, \; p_x c, \; p_y c, \; p_z c) \begin{pmatrix} E \\ -p_x c \\ -p_y c \\ -p_z c \end{pmatrix} \tag{6.47}$$

$$= E^2 - \vec{p}^{\,2} c^2 \tag{6.48}$$

6.5 Energie-Impuls-Raum

Vergleichen wir dieses Ergebnis mit Gl. (6.43), sehen wir die eigentliche Bedeutung des Skalarprodukts des Viererimpulses mit sich selbst:

$$\mathbf{p}^2 = m_\circ^2 c^4 = E^2 - \vec{p}^{\,2} c^2 \qquad (6.49)$$

In Analogie zur Länge in der Raumzeit entspricht hier die Länge im Energie-Impuls-Raum der Ruheenergie des Teilchens. Wenn wir die Gesamtenergie des Teilchens als Funktion der Bewegungsenergie auftragen, kann sich das Teilchen ausschließlich auf der in der Abbildung gezeigten Kurve bewegen:

Bei $\vec{p} = 0$ lesen wir die Ruheenergie $E = m_\circ c^2$ des Teilchens ab.

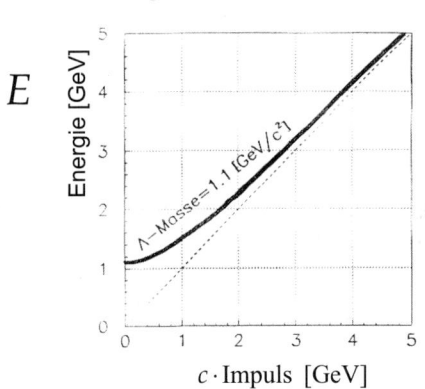

Die Viererimpulse unterliegen derselben Lorentztransformation (6.34) wie die Vierervektoren der Raumzeit. Ebenso ist die Ruheenergie invariant unter der Lorentztransformation:

$$\mathbf{p}'^2 = \begin{pmatrix} E' \\ p'_x c \\ 0 \\ 0 \end{pmatrix}^2 \qquad (6.50)$$

$$= \left(\begin{pmatrix} \gamma & -\gamma\beta & 0 & 0 \\ -\gamma\beta & \gamma & 0 & 0 \\ 0 & 0 & 1 & 0 \\ 0 & 0 & 0 & 1 \end{pmatrix} \begin{pmatrix} E \\ p_x c \\ 0 \\ 0 \end{pmatrix} \right)^2 \qquad (6.51)$$

$$= \begin{pmatrix} \gamma E - \gamma\beta p_x c \\ -\gamma\beta E + \gamma p_x c \\ 0 \\ 0 \end{pmatrix}^2 \qquad (6.52)$$

$$= (\gamma E - \gamma\beta p_x c, -\gamma\beta E + \gamma p_x c, 0, 0) \begin{pmatrix} 1 & 0 & 0 & 0 \\ 0 & -1 & 0 & 0 \\ 0 & 0 & -1 & 0 \\ 0 & 0 & 0 & -1 \end{pmatrix} \begin{pmatrix} \gamma E - \gamma\beta p_x c \\ -\gamma\beta E + \gamma p_x c \\ 0 \\ 0 \end{pmatrix} \qquad (6.53)$$

$$= (\gamma E - \gamma \beta p_x c)^2 - (-\gamma \beta E + \gamma p_x c)^2 \qquad (6.54)$$
$$= \gamma^2 (E^2 + \beta^2 p_x^2 c^2 - 2E\beta p_x c - \beta^2 E^2 - p_x^2 c^2 + 2E\beta p_x c) \qquad (6.55)$$
$$= \gamma^2 ((1-\beta^2) E^2 - (1-\beta^2) p_x^2 c^2) \qquad (6.56)$$
$$= E^2 - p_x^2 c^2 \qquad (6.57)$$
$$= \mathbf{p}^2 \qquad (6.58)$$

6.6 Anwendung: Elementarteilchenphysik

In der Elementarteilchenphysik brauchen wir die spezielle Relativitätstheorie, um die Bewegungen der Teilchen zu beschreiben.

Die heute bekannten Materieteilchen sind 6 Quarks und 6 Leptonen. Diese 12 Materieteilchen haben 12 Antimaterie-Partner. Zusätzlich kennen wir für drei der vier bekannten Wechselwirkungen die Teilchen, die Wechselwirkungen zwischen den Materieteilchen vermitteln.

Wechselwirkung	Austauschteilchen	Quarks		Leptonen	
Starke	Gluon g	Up	u	Elektron	e
Elektromagnetische	Photon γ	Down	d	Neutrino	ν_e
Schwache	Boson Z, W	Charm	c	Myon	μ
Gravitation	(Graviton?)	Strange	s	Neutrino	ν_μ
		Top	t	Tau	τ
		Bottom	b	Neutrino	ν_τ

Während Leptonen als freie Teilchen in der Natur beobachtet werden, kommen Quarks nur in sogenannten Hadronen vor, das sind 2-er und 3-er Kombinationen: Baryonen wie z.B. das Proton, Neutron und das Lambda (Λ) haben drei Quarks, Mesonen (z.B. das Pion) haben ein Quark und ein Antiquark.

6.6.1 Schwerpunktsenergie am Teilchenbeschleuniger

Bei dem Large Electron-Positron Collider LEP am CERN in Genf wurden über viele Jahre Elektronen und Positronen auf eine hohe Geschwindigkeit $v \to c$ beschleunigt und dann zur Kollision gebracht.

Elektron   Positron
↓   ↓
●→ ● ←●
    Z

Wie bei den makroskopischen elastischen Stößen (Kap. 2) müssen auch hier Energie- und Impulserhaltung gelten. Wenn aus der Kollision z.B. ein Myonpaar entstanden ist, gilt:

6.6 Anwendung: Elementarteilchenphysik

$$\mathbf{p}_{e^+} + \mathbf{p}_{e^-} = \mathbf{p}'_{\mu^+} + \mathbf{p}'_{\mu^-} \tag{6.59}$$

$$\begin{pmatrix} E_{e^+} + E_{e^-} \\ \vec{p}_{e^+}\, c + \vec{p}_{e^-}\, c \end{pmatrix} = \begin{pmatrix} E'_{\mu^+} + E'_{\mu^-} \\ \vec{p}\,'_{\mu^+}\, c + \vec{p}\,'_{\mu^-}\, c \end{pmatrix} \tag{6.60}$$

In den Viererimpulsen sind die Energie- und die Impulserhaltung in den Komponenten bereits formuliert.

Elektronen und Positronen bei LEP hatten exakt dieselbe Energie, ihre jeweiligen Flugrichtungen waren entgegengesetzt, so dass ihre Impulse entgegengesetzt gleich groß waren $\vec{p}_{e^+} = -\vec{p}_{e^-}$. In diesem Fall ergänzen sich die Impulskomponenten jeweils auf beiden Seiten der Gleichung zu Null, d.h. es ist auch $\vec{p}_{\mu^+} = -\vec{p}_{\mu^-}$.

Die Energiebilanz des Streuprozesses $e^+ + e^- \rightarrow \mu^{+\,\prime} + \mu^{-\,\prime}$ finden wir in der ersten Komponente von (6.60):

$$E_{e^+} + E_{e^-} = E'_{\mu^+} + E'_{\mu^-} \tag{6.61}$$

Nach Einsteins Gleichung (6.43) ist Masse eine Form der Energie. Das ermöglicht die Umwandlung von Bewegungsenergie in Masse und den umgekehrten Vorgang. Das Z-Teilchen ist ein Austauschteilchen der schwachen Wechselwirkung. Es hat eine Ruhemasse von

$$m_Z = 91\,\text{GeV}/c^2 \quad . \tag{6.62}$$

Am LEP-Beschleuniger ist es gelungen, durch die Bewegungsenergie von kollidierenden Elektron-Positron-Paaren Z-Teilchen zu erzeugen und den Zerfall des Z-Teilchens z.B. in ein Myon-Paar zu beobachten. Der gesamte Prozess lautet dann $e^+ + e^- \rightarrow Z \rightarrow \mu^{+\,\prime} + \mu^{-\,\prime}$. Wird bei der Erzeugung $e^+ + e^- \rightarrow Z$ alle Bewegungsenergie des Elektrons und des Positrons in die Z-Masse umgewandelt, so ist das Z-Teilchen in Ruhe und sein Viererimpuls beträgt:

$$\mathbf{p}_Z = \begin{pmatrix} E \\ 0 \end{pmatrix} = \begin{pmatrix} m_Z c^2 \\ 0 \end{pmatrix} \tag{6.63}$$

Die Viererimpulserhaltung gilt auch einzeln für den Erzeugungsprozess des Z und genauso für seinen Zerfallsprozess. Für den Erzeugungsprozess lautet sie:

$$\mathbf{p}_{e^+} + \mathbf{p}_{e^-} = \mathbf{p}_Z \tag{6.64}$$

$$\begin{pmatrix} E_{e^+} + E_{e^-} \\ \vec{p}_{e^+}\, c + \vec{p}_{e^-}\, c \end{pmatrix} = \begin{pmatrix} m_Z c^2 \\ 0 \end{pmatrix} \tag{6.65}$$

Wegen der symmetrischen Strahlenergien $E_{e^+} = E_{e^-}$ und wegen $\vec{p}_{e^+} = -\vec{p}_{e^-}$ folgt also, dass die Elektronen und Positronen jeweils die halbe Ruheenergie des Z-Teilchens in der Form von Bewegungsenergie mitbringen müssen:

$$E_e = \frac{m_Z c^2}{2} \tag{6.66}$$

Den Beweis dafür, dass der Zwischenzustand eines Z entstanden war, lieferten die Experimente am LEP-Beschleuniger durch Messungen der Zählrate der entstandenen Myon-Paare. Durch Variation der e^+e^--Strahlenergie fanden sie bei der Strahlenergie eine Resonanz in der Zählrate, die der Ruhemasse des Z-Teilchens entspricht.

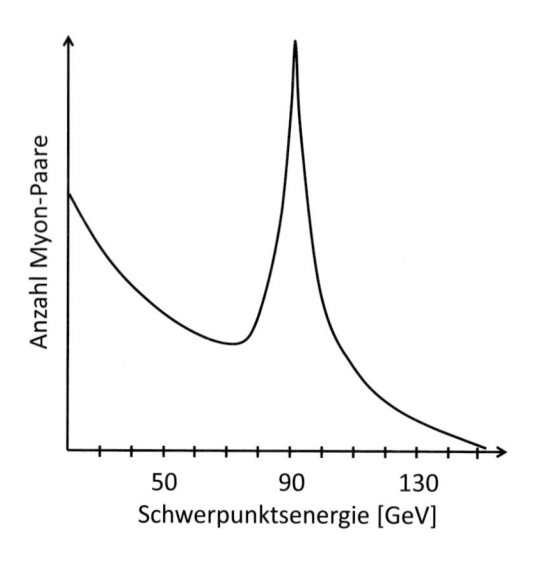

Ganz allgemein können wir die Schwerpunktsenergie $\sqrt{s}$ der kollidierenden Teilchen aus dem Skalarprodukt der Viererimpulssumme berechnen:

$$\sqrt{s} = \sqrt{(\mathbf{p}_{e^+} + \mathbf{p}_{e^-})^2} \tag{6.67}$$
$$= (m_\circ)_{max}\, c^2 \tag{6.68}$$

Aus ihr erhalten wir die maximale Ruhemasse $(m_\circ)_{max}$, die aus dem Kollisionsprozess gebildet werden kann.

Aufgabe 6.1: Schwerpunktsenergie, Suche nach neuen Teilchen

An einem zukünftigen e^+e^--Beschleuniger werden Teilchen mit großer Ruhemasse gesucht. Zur Auswahl stehen ein Collider-Experiment, in dem wie beim LEP-Beschleuniger beide Leptonen beschleunigt werden und dann zur Kollision gebracht werden, oder ein Fixed-Target-Experiment, in dem nur ein Lepton beschleunigt wird und auf das andere, ruhende Lepton geschossen wird. Welches der beiden Konzepte bietet die meiste Schwerpunktsenergie?

6.6 Anwendung: Elementarteilchenphysik

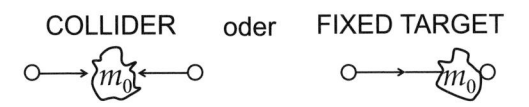

COLLIDER   oder   FIXED TARGET

Gegeben ist

- am Collider: $E_{e^+} = E_{e^-} = 250\,\text{GeV}$
- am Fixed Target: $E_{e^+} = 500\,\text{GeV}$

sowie $m_e = 0,0005\,\text{GeV}/c^2$.

(3 Punkte)

Lösung zu Aufgabe 6.1: Suche nach neuen Teilchen

6.6.2 Zerfall eines Λ-Teilchens

Auch beim Zerfall eines massiven Teilchens in weniger massive Teilchen müssen Energie und Impuls erhalten bleiben.

Als Beispiel betrachten wir ein Λ-Teilchen, das in ein Proton und ein Pion zerfällt:

Λ° (uds) → p $(uud) + \pi^-$ $(\bar{u}d)$

Wir untersuchen zunächst die Bewegungsenergie der Zerfallsteilchen für ein ruhendes Λ-Teilchen. Anschließend analysieren wir den Λ-Zerfall im Flug und nutzen die Lorentztransformation, um die unterschiedlichen Zerfallswinkel des Protons und Pions zu verstehen.

6.6.2.1 Bewegungsenergie der Λ-Zerfallsteilchen

Die Ruhemassen der einzelnen Teilchen sind

$$m_\Lambda = 1,115 \,\text{GeV}/c^2 \,, \tag{6.69}$$

$$m_p = 0,938 \,\text{GeV}/c^2 \,, \tag{6.70}$$

$$m_\pi = 0,139 \,\text{GeV}/c^2 \,. \tag{6.71}$$

Die Masse des Λ-Teilchens ist größer als die Summe der Massen von Proton und Pion zusammen. Die Energieerhaltung erfordert, dass die übrige Masse in Bewegungsenergie umgesetzt wird. Wir betrachten zunächst die Situation im Ruhesystem des Λ-Teilchens:

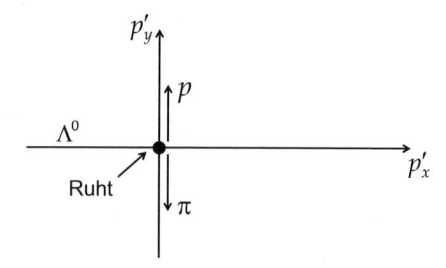

Viererimpulserhaltung impliziert, dass der Viererimpuls des ruhenden Λ-Teilchens und die Summe der Viererimpulse seiner Zerfallsteilchen gleich sein müssen:

$$\mathbf{p}'_\Lambda = \mathbf{p}'_p + \mathbf{p}'_\pi \tag{6.72}$$

$$\begin{pmatrix} m_\Lambda c^2 \\ 0 \end{pmatrix} = \begin{pmatrix} E'_p \\ \vec{p}'_p c \end{pmatrix} + \begin{pmatrix} E'_\pi \\ \vec{p}'_\pi c \end{pmatrix} \tag{6.73}$$

Die Impulserhaltung ist in der unteren Komponente ablesbar:

$$0 = \vec{p}'_p + \vec{p}'_\pi \tag{6.74}$$

6.6 Anwendung: Elementarteilchenphysik

$$p'_{y,\pi} = -p'_{y,p} \equiv p'_y \tag{6.75}$$

Die Energieerhaltung steht in der oberen Komponente:

$$m_\Lambda c^2 = E'_p + E'_\pi \tag{6.76}$$

Für die Energien der Zerfallsteilchen nutzen wir Gl. (6.43) und setzen die Impulserhaltung aus Gl. (6.75) ein:

$$E'_p = \sqrt{\vec{p}_p'^2 c^2 + m_p^2 c^4} \tag{6.77}$$

$$= \sqrt{p_y'^2 c^2 + m_p^2 c^4} \tag{6.78}$$

$$E'_\pi = \sqrt{\vec{p}_\pi'^2 c^2 + m_\pi^2 c^4} \tag{6.79}$$

$$= \sqrt{p_y'^2 c^2 + m_\pi^2 c^4} \tag{6.80}$$

Zur Vereinfachung unserer Rechnung nehmen wir näherungsweise an, dass das Pion keine Masse besitzt, also $E'_\pi \sim p'_y c$. Damit ergibt die Energieerhaltungsgleichung (6.76):

$$m_\Lambda c^2 = \sqrt{p_y'^2 c^2 + m_p^2 c^4} + p'_y c \tag{6.81}$$

$$(m_\Lambda c^2 - p'_y c)^2 = p_y'^2 c^2 + m_p^2 c^4 \tag{6.82}$$

$$p'_y = \frac{(m_\Lambda^2 - m_p^2)c}{2m_\Lambda} \tag{6.83}$$

$$\approx 0{,}1\,\text{GeV}/c \tag{6.84}$$

Die Bewegungsenergie beträgt für das Proton und das Pion jeweils $E'_{kin} = p'_y c = 0{,}1\,\text{GeV}$.

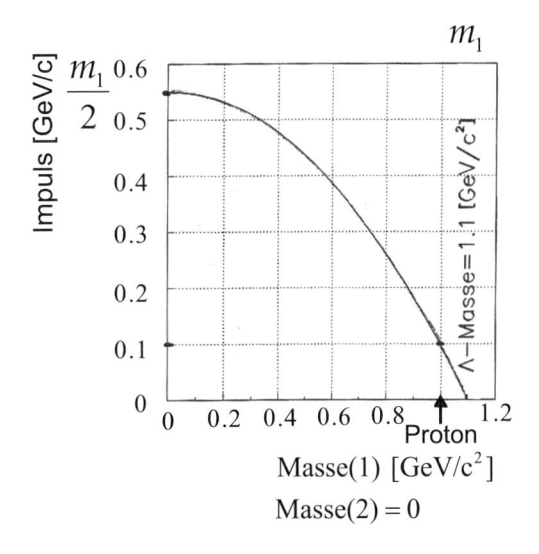

Masse(2) = 0

6.6.2.2 Zerfallswinkel beim Λ-Zerfall im Flug

Als nächstes werden wir alle Teilchen vom Ruhesystem des Λ-Teilchens in das Laborsystem transformieren. Das Λ-Teilchen bewege sich in x-Richtung:

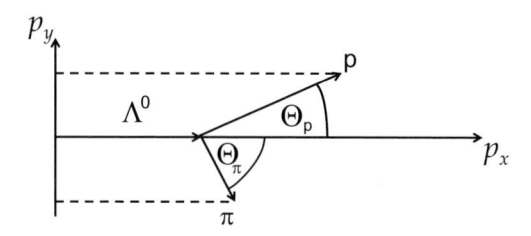

Bei der Lorentztransformation vom Λ-Ruhesystem in das Laborsystem bezeichnen γ und β die Kinematik des Λ-Teilchens im Labor. Damit wird die Transformationsmatrix (6.35) gefüllt und anschließend werden die Viererimpulse des Pions und des Protons transformiert:

$$\begin{pmatrix} E \\ p_x c \\ p_y c \\ p_z c \end{pmatrix} = \begin{pmatrix} \gamma & \gamma\beta & 0 & 0 \\ \gamma\beta & \gamma & 0 & 0 \\ 0 & 0 & 1 & 0 \\ 0 & 0 & 0 & 1 \end{pmatrix} \begin{pmatrix} E' \\ 0 \\ p'_y c \\ 0 \end{pmatrix} \tag{6.85}$$

$$= \begin{pmatrix} \gamma E' \\ \beta\gamma E' \\ p'_y c \\ 0 \end{pmatrix} \tag{6.86}$$

Beispiel: Lorentz-Transformation

Ein Λ-Teilchen fliege in x-Richtung mit $E_\Lambda = 5,5\,\text{GeV}$. Wegen Gl. (6.39) lassen sich γ und β aus $E_\Lambda = \gamma\, m_\Lambda\, c^2$ bestimmen:

$$\gamma = \frac{E_\Lambda}{m_\Lambda c^2} = \frac{5,5}{1,1} = 5 \tag{6.87}$$

$$\gamma = \sqrt{\frac{1}{1-\beta^2}} \tag{6.88}$$

$$\Rightarrow \beta = \sqrt{1 - \frac{1}{\gamma^2}} = \sqrt{1 - \frac{1}{25}} \approx 1 \tag{6.89}$$

Diese Werte setzen wir in Gl. (6.86) ein:

$$\begin{pmatrix} E \\ p_x c \\ p_y c \\ p_z c \end{pmatrix} = \begin{pmatrix} \gamma E' \\ \beta\gamma E' \\ p'_y c \\ 0 \end{pmatrix} \tag{6.90}$$

Für das Pion ergibt sich in unserer Näherung $m_\pi \approx 0$ der Viererimpuls im Laborsystem zu:

$$\mathbf{p}_\pi = \begin{pmatrix} \gamma p'_y c \\ \beta\gamma p'_y c \\ p'_y c \\ 0 \end{pmatrix}$$ (6.91)

Pion-Energie und -Impuls sind dann:

$$E_\pi = 0,5\,\text{GeV}$$ (6.92)

$$\vec{p}_\pi = \begin{pmatrix} 0,49 \\ 0,1 \\ 0 \end{pmatrix}\,\text{GeV}/c$$ (6.93)

Beispiel: **Winkel der Λ-Zerfallsteilchen**

Im Folgenden werden wir die Winkel im Laborsystem berechnen, unter denen das Proton und das Pion relativ zum Λ-Teilchen fliegen, das dieselbe Kinematik hat wie im Beispiel oben.

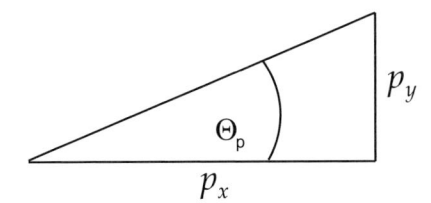

Für das Proton erhalten wir den Zerfallswinkel durch Einsetzen von (6.90):

$$\tan\Theta_p = \frac{p_y}{p_{x,p}} \approx \frac{p'_y c}{\gamma E'_p} = \frac{p'_y c}{\gamma\sqrt{m_p^2 c^4 + p'^2_y c^2}} = \frac{1}{\gamma\sqrt{\frac{m_p^2 c^2}{p'^2_y c^2}+1}}$$ (6.94)

$$\approx \frac{1}{1\cdot 5\cdot\sqrt{\frac{1}{0,1^2}+1}} \approx \frac{1}{50}$$ (6.95)

$$\Rightarrow \Theta_p \approx \frac{360°}{2\pi}\cdot\frac{1}{50} \approx 1°$$ (6.96)

Das Proton mit seiner großen Masse fliegt annähernd entlang der Originalflugrichtung des Λ-Teilchens. Für das Pion vereinfacht sich wegen der Näherung $m_\pi \approx 0$ dieser Ausdruck:

$$\tan \Theta_\pi = \frac{p_y}{p_{x,\pi}} \approx \frac{1}{\gamma \sqrt{\frac{m_\pi^2 c^2}{p_y'^2 c^2} + 1}} \approx \frac{1}{\gamma} = \frac{1}{5} \qquad (6.97)$$

$$\Rightarrow \Theta_\pi \approx 10° \gg \Theta_p \qquad (6.98)$$

Das in unserer Näherung masselose Pion fliegt im Vergleich zum Proton unter einem deutlich größeren Winkel relativ zur Flugrichtung des Λ-Teilchens.

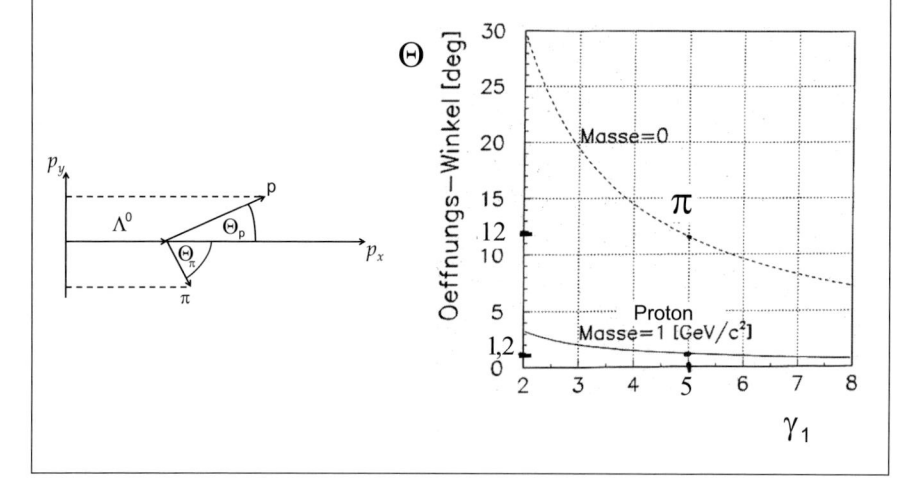

Kapitel 7
Lösungen zu den Aufgaben

Lösung zu Aufgabe 3.1: Strohhalm

Das Volumenelement in Zylinderkoordinaten lautet:

$$\int dV = \int_{r_1}^{r_2} \int_0^{2\pi} \int_0^h r\, dr\, d\varphi\, dz'$$

$$V = \frac{1}{2} r^2 \Big|_{r_1}^{r_2} 2\pi h$$

$$= \pi h \left(r_2^2 - r_1^2 \right)$$

$$\approx 3 \cdot 200 \,\text{mm}\, (6,25 - 4)\,\text{mm}^2$$

$$\approx 1200\,\text{mm}^3 = 1,2\,\text{cm}^3$$

Lösung zu Aufgabe 3.2: Kugel

Das Oberflächenelement in Kugelkoordinaten lautet:

$$dA = r^2 \sin(\theta)\, d\theta\, d\varphi$$

$$A = r^2 \int_0^\pi \sin(\theta)\, d\theta \int_0^{2\pi} d\varphi$$

$$= r^2 \left(-\cos(\theta)\right)\Big|_0^\pi 2\pi$$

$$= -r^2 (-1 - 1)\, 2\pi$$

$$= 4\pi r^2$$

Lösung zu Aufgabe 4.1: **Astronaut auf dem Mond**

Aus dem allgemeinen Gravitationsgesetz folgt für die „Mondbeschleunigung" g'

$$g' = \frac{G \cdot M_{Mond}}{R_{Mond}^2} \approx \frac{50}{3} \cdot 10^{-11+22-6-6} \frac{m}{s^2} \approx 1{,}6 \frac{m}{s^2}$$

Im Vergleich ist also

$$g_{Erde} \approx 6 \cdot g'_{Mond} \; .$$

Lösung zu Aufgabe 4.2: **Schaukel auf der Sonne**

Die Fallbeschleunigung g' auf der Sonne ist

$$g' = \frac{G\, M_{Sonne}}{R_{Sonne}^2} = \frac{7 \cdot 10^{-11} \frac{Nm^2}{kg^2} \cdot 2 \cdot 10^{30}\, kg}{700000\, km^2} \approx \frac{2}{7} 10^{-11+30-10-6} \frac{m}{s^2}$$
$$= 273{,}7 \frac{m}{s^2} \; .$$

Damit ergibt sich das Schwingungsperiodenverhältnis zu

$$\frac{T_{Sonne}}{T_{Erde}} = \sqrt{\frac{g_{Erde}}{g_{Sonne}}} \approx \sqrt{\frac{10}{300}} \approx \frac{1}{5} \; .$$

Eine Temperatur-resistente Kuckucksuhr auf der Sonne würde also fünf mal schneller ticken als auf der Erde.

Lösung zu Aufgabe 4.3: **Mondbewegung/Erdmasse**

Zeichnung der Kräfte: Eine Kreisbewegung impliziert die Existenz einer Zentripetalkraft $\vec{F}_{ZP}$, die radial und entgegengesetzt zur Zentrifugalkraft $\vec{F}_{ZF}$ steht.

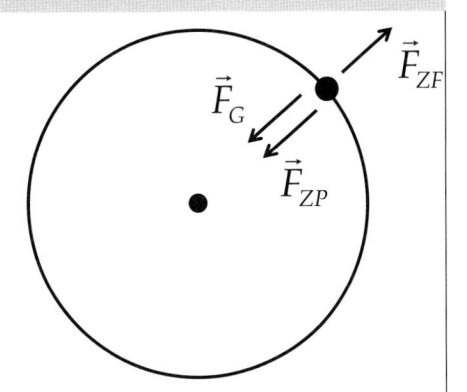

Umlaufzeit: Die Gravitationskraft $\vec{F}_G$ hält das System aus Erde und Mond gebunden und entspricht in Richtung und Stärke der Zentripetalkraft:

$$\vec{F}_{ZP} = \vec{F}_G$$

$$-mr\omega^2 = -\frac{G M m}{r^2}$$

$$r\left(\frac{2\pi}{T}\right)^2 = \frac{G M}{r^2}$$

$$T = \sqrt{\frac{4\pi^2}{G M} r^3}$$

Die Umlaufzeit steigt also etwas stärker als linear mit dem Abstand ($r^{3/2}$).

Erdmasse: Umgekehrt können wir mit Kenntnis der Umlaufzeit und des Abstands r zwischen Erde und Mond diese Gleichung nach der Erdmasse M auflösen:

$$M = \frac{4\pi^2 r^3}{G T^2} \approx \frac{4\pi^2 (400000000)^3}{7 \cdot 10^{-11} (27 \cdot 90000)^2} \cdot \frac{\mathrm{m}^3}{\frac{\mathrm{Nm}^2}{\mathrm{kg}^2} \mathrm{s}^2} \approx 5 \cdot 10^{24}\,\mathrm{kg}$$

Der korrekte Wert beträgt $M = 5,977 \cdot 10^{24}\,\mathrm{kg}$.

Lösung zu Aufgabe 4.4: **Suche nach neuen Teilchen**

Die maximale Ruhemasse am Collider ist nach Gl. (6.66)

$$m_\circ c^2 = 2 E_e = 500\,\text{GeV} \ .$$

Beim Fixed-Target-Experiment ist:

$$\begin{aligned}
m_\circ^2 c^4 &= (\mathbf{p}_{e^+} + \mathbf{p}_{e^-})^2 \\
&= \left(\begin{pmatrix} E_{e^+} \\ \vec{p}_{e^+} c \end{pmatrix} + \begin{pmatrix} m_{e^-} c^2 \\ 0 \end{pmatrix} \right)^2 \\
&= (E_{e^+} + m_{e^-} c^2)^2 - \vec{p}_{e^+}^{\,2} c^2 \\
&= E_{e^+}^2 + m_e^2 c^4 + 2 m_e c^2 E_{e^+} - \vec{p}_{e^+}^{\,2} c^2 \\
&\approx 2 m_e^2 c^4 + 2 m_e c^2 E_{e^+} \\
&\approx 2 m_e c^2 E_{e^+}
\end{aligned}$$

Diese Näherungen gelten, da $E_{e^+} \gg m_e c^2$ ist. Wegen Gleichung (6.43) ist dann $E_{e^+}^2 = \vec{p}_{e^+}^{\,2} c^2 + m_e^2 c^4 \approx \vec{p}_{e^+}^{\,2} c^2$. Die maximal mögliche Ruheenergie eines neuen Teilchens ist hier

$$m_\circ c^2 = \sqrt{2 m_e c^2 E_{e^+}} \approx 22\,\text{MeV} \ .$$

Für eine maximale Schwerpunktsenergie am $e^+ e^-$-Beschleuniger ist also das Collider-Konzept dem Fixed-Target-Experiment weit überlegen.

Literaturverzeichnis

1. Alonso, M., Finn, E.: Physik. Addison-Wesley Publishing Company, Reading, MA (1977)
2. Bronstein, I., Semendjajev, K.: Taschenbuch der Mathematik, 19. Auflage. Verlag Harri Deutsch, Thun und Frankfurt (1981)
3. Demtröder, W.: Experimentalphysik 1, Mechanik und Wärme, 3. Auflage. Springer Verlag, Berlin (2002)
4. Demtröder, W.: Experimentalphysik 2, Elektrizität und Optik, 3. Auflage. Springer Verlag, Berlin (2004)
5. Hebbeker, T., Reuter, T.: Versuchsbeschreibungen Physik I-III, RWTH Aachen Universität, Aachen (2003)
6. Stöcker, H.: Taschenbuch der Physik, 4. Auflage. Verlag Harri Deutsch, Frankfurt (2000)
7. Weigert, A., Wendker, H.J., Wisotzki, L.: Astronomie und Astrophysik, 4.Auflage. Wiley-VCH Verlag, Berlin (2005)
8. Mohr, P.J., Taylor, B.N., Newell, D.B.: CODATA Recommended Values of the Fundamental Physical Constants: 2006, Reviews of Modern Physics, Vol. 80 (2008)

Sachverzeichnis

A

Abstandsmessung, 66
    Euklidische Ebene, 66
    Invarianz Raumzeit, 68
    Komplexe Ebene, 67
    Minkowski Raumzeit, 67
    Raumzeit, 68
Äquipotentialflächen, 32
Aufgabe
    Astronaut, 21
    Erdmasse, 22
    Kugeloberfläche, 17
    Lösungen, 81
    Mondbewegung, 22
    Schwerpunktsenergie, 74
    Sonnen-Schaukel, 22
    Strohhalm, 14

B

Beispiel
    Ellipse, 37
    Galilei-Transformation, 48
    Gleichförmige Kreisbewegung, 14, 17
    Lorentz-Transformation, 78
    Planetenbahnen, 44
    Rakete in Raumzeit, 66
    Raumstation ISS E_{pot}, 30
    Ruhemasse, 69
    Zeitdilatation, 64
    Zerfallswinkel, 79
Beschleunigung
    Kartesische Koordinaten, 10
    Kugelkoordinaten, 16
    Zylinderkoordinaten, 13
Beta β
    Lorentz-Transformation, 59, 78
Bindungszustand
    Ellipse, 42
    Kreis, 43

Brennpunkt
    Ellipse, 37
    Hyperbel, 39
    Kreis, 38

C

Corioliskraft, 53, 54

D

Drehimpulserhaltung, 2, 33
Drehmoment
    Torsion, 24

E

Effektives Potential, 35
Eigenzeit, 64
Einheitsvektoren
    Kartesische Koordinaten, 9
    Kugelkoordinaten, 15
    Zylinderkoordinaten, 12
Einstein
    $E = mc^2$, 69, 73
    Postulat Lichtgeschwindigkeit, 58
Ellipse, 37
    Beispiel, 37
    Brennpunkt, 37
    Exzentrizität, 37
    Halbparameter, 37
    Normalform, 37
    Polarkoordinaten, 37
Elliptisches Integral, 41
Energie-Impuls-Raum, 70
Energieerhaltung, 1, 3, 34, 72
Erde
    Beschleunigung g, 21
    Masse, 22
    Rotation, 54
Erhaltungssätze, 1
    Drehimpuls, 2, 33

Energie, 1, 34, 72
Impuls, 2, 72
Experiment
    Fliehkraftregler, 54
    Foucault'sches Pendel, 56
    Galilei-Transformation, 49
    Gravitationskonstante, 23
    Lichtgeschwindigkeit, 61
    Stoß zweier Kugeln, 5
    Zeitdilatation, 63
Exzentrizität
    Ellipse, 37
    Hyperbel, 39
    Kreis, 38
    Parabel, 40

F

Flächenelement
    Kartesische Koordinaten, 11
    Kugelkoordinaten, 16
    Zylinderkoordinaten, 13
Foucault'sches Pendel, 54

G

Galilei-Transformation, 47
    Beispiel, 48
Gamma γ
    Lorentz-Transformation, 59, 78
Geschwindigkeit
    Kartesische Koordinaten, 10
    Kugelkoordinaten, 16
    Zylinderkoordinaten, 12
Gradient, 32
    Kartesische Koordinaten, 11
    Kraft und Potential, 32
    Kugelkoordinaten, 17
    Zylinderkoordinaten, 13
Gravitation, 19
    Gravitationskonstante, 20
    Kraft, 19
    Kraftgesetz, 19
    Potential, 29, 31
    Zentralkraft, 32
    Zentralpotential, 31
Gravitationsgesetz, 19
Gravitationskonstante, 20, 23
Gravitationskraft, 19
    Konservativ, 20
Gravitationspotential, 29
Gravitationswaage, 23

H

Halbparameter
    Ellipse, 37

Hyperbel, 39
Kreis, 38
Parabel, 40
Hyperbel, 39
    Brennpunkt, 39
    Exzentrizität, 39
    Halbparameter, 39
    Normalform, 39
    Polarkoordinaten, 39

I

Impulserhaltung, 2, 3, 72
Inertialsystem, 47
    Lichtgeschwindigkeit, 58
Invarianz
    Abstand Raumzeit, 68
    Ruheenergie, 71

K

Kartesische Koordinaten, 9
    Beschleunigung, 10
    Einheitsvektoren, 9
    Flächenelement, 11
    Geschwindigkeit, 10
    Gradient, 11
    Linienelement, 10
    Ortsvektor, 9
    Projektion, 10
    Skalarprodukt, 10
    Vektorbetrag, 9
    Volumenelement, 11
Kegelschnitt, 36, 41
    Ellipse, 37
    Hyperbel, 39
    Kreis, 38
    Parabel, 39
Kepler-Gesetze, 45
Konservative Kraft, 20
Koordinaten
    Kartesische, 9
    Kugelkoordinaten, 15
    Polarkoordinaten, 11
    Zylinderkoordinaten, 11
Koordinatensystem, 8
Körper im Gravitationspotential, 33
    Bahnkurve, 40
    Bindungszustand, 42
    Effektives Potential, 35
    Ellipse, 42
    Historische Entwicklung, 45
    Hyperbel, 43
    Kepler-Gesetze, 45
    Komet, 42
    Kreis, 43

Parabel, 43
Planet, 36, 42
Radiale Bewegung, 35
Streuprozess, 42
Kraft und Potential, 32
Kreis, 38
  Brennpunkt, 38
  Exzentrizität, 38
  Halbparameter, 38
  Normalform, 38
  Polarkoordinaten, 38
Kugelkoordinaten, 15
  Beschleunigung, 16
  Einheitsvektoren, 15
  Flächenelement, 16
  Geschwindigkeit, 16
  Gradient, 17
  Linienelement, 16
  Ortsvektor, 15
  Umrechnung in kartesische, 15
  Volumenelement, 16

L
Längenkontraktion, 64
Lichtgeschwindigkeit
  Experiment, 61
  Inertialsystem, 58
Linienelement
  Kartesische Koordinaten, 10
  Kugelkoordinaten, 16
  Zylinderkoordinaten, 12
Lorentz-Transformation, 57, 58, 78
  Beispiel, 78
  Beta β, 59, 78
  Gamma γ, 59, 78
  Invarianz Abstand, 68
  Invarianz Ruheenergie, 71
  Matrixschreibweise, 68

M
Masse, 69
  Erde, 22
  Reduzierte, 6
  Ruheenergie, 70
  Teilchen-Ruhemasse, 69, 73, 76
Metrik, 67
  Skalarprodukt, 70
Minkowski Raumzeit, 67

N
Normalform
  Ellipse, 37
  Hyperbel, 39
  Kreis, 38
  Parabel, 39

O
Ortsvektor
  Kartesische Koordinaten, 9
  Kugelkoordinaten, 15
  Zylinderkoordinaten, 11

P
Parabel, 39
  Exzentrizität, 40
  Halbparameter, 40
  Normalform, 39
  Polarkoordinaten, 40
Planet, 36
Polarkoordinaten, 11
  Ellipse, 37
  Hyperbel, 39
  Kreis, 38
  Parabel, 40
Potential, 31
  Effektives, 35
Potential und Kraft, 32
Potentielle Energie, 29
  Referenzwert, 30
Projektion
  Kartesische Koordinaten, 10

R
Raumzeit, 65
  Anderswo, 66
  Hier und Jetzt, 65
  Vergangenheit, 65
  Zukunft, 65
Reduzierte Masse, 6
Ruheenergie
  Invarianz, 71
  Masse, 70
Ruhemasse
  Elektron, 69
  Lambda, 76
  Pion, 76
  Proton, 69, 76
Ruhesystem, 76

S
Scheinkraft
  Corioliskraft, 53
  Trägheit, 49
  Zentrifugalkraft, 53
Schwerpunktsenergie, 72
Skalarprodukt
  Euklidischer Raum, 66

Kartesische Koordinaten, 10
Komplexe Ebene, 67
Metrik, 68, 70
Minkowski-Raumzeit, 67
Viererimpuls, 70
Vierervektor, 68
Spezielle Relativitätstheorie, 60
    Eigenzeit, 64
    Energie-Impuls-Raum, 70
    Gesamtenergie, 69, 70
    Impuls, 70
    Kinetische Energie, 70
    Längenkontraktion, 64
    Masse, 69
    Metrik, 67
    Raumzeit, 65
    Ruheenergie, 70
    Ruhemasse, 69
    Ruhesystem, 76
    Skalarprodukt, 68, 70
    Teilchenphysik, 72
    Viererimpuls, 70
    Vierervektor, 67
    Zeitdilatation, 62
Stoßprozess, 3
    Gleiche Massen, 3
    Ungleiche Massen, 5
    Zentraler Stoß, 5
Streuprozess, 36
    Hyperbel, 43
    Parabel, 43

T
Teilchenphysik, 72
    Antimaterie, 72
    Collider-Experiment, 72, 74
    Elektron, 69, 72
    Fixed-Target-Experiment, 74
    Hadron, 72
    Lambda-Teilchen, 72, 75
    Lepton, 72
    Materie, 72
    Myon, 64
    Pion, 72, 75
    Positron, 72
    Proton, 69, 72, 75

Quark, 72
Ruhemasse, 69, 73, 76
Ruhesystem, 76
Schwerpunktsenergie, 72
Wechselwirkungen, 72
Z-Boson, 72, 73
Zerfall, 75
Zerfallswinkel, 78
Thaleskreis, 5
Torsion, 24
Trägheit, 49
Transformation Bezugssysteme, 47
    Beschleunigte, 49
    Galilei-Transformation, 47
    Gradlinig beschleunigte, 49
    Rotierende, 50

V
Vektorbetrag
    Kartesische Koordinaten, 9
Verdrehung, 24
Viererimpuls, 70, 72
Vierervektor, 67
Volumenelement
    Kartesische Koordinaten, 11
    Kugelkoordinaten, 16
    Zylinderkoordinaten, 13
Vorzeichenkonvention
    Kraft, 20

Z
Zeitdilatation, 62
Zentraler Stoß, 5
Zentralkraft, 20, 32
Zentralpotential, 31
Zentrifugalkraft, 53
Zylinderkoordinaten, 11
    Beschleunigung, 13
    Einheitsvektoren, 12
    Flächenelement, 13
    Geschwindigkeit, 12
    Gradient, 13
    Linienelement, 12
    Ortsvektor, 11
    Umrechnung in kartesische, 11
    Volumenelement, 13

Printing: Ten Brink, Meppel, The Netherlands
Binding: Stürtz, Würzburg, Germany